An Introduction to

Landscape Design

建築と造園をつなぐ
ランドスケープ
デザイン入門

鈴木あるの

学芸出版社

はじめに
ランドスケープを味方につけよう！

一般開放され近隣住民や学生のくつろぎの場となっているグルベンキアン庭園（ポルトガル）

　この本は、建築設計に関わるランドスケープデザインの基本を、大学や専門学校での設計演習に求められるレベルまで学ぶための入門書です。敷地の中に残った空白スペースを眺めながら「どうしよう？」と手が止まっている、あなたのための本です。また、身近な屋外空間を設計するための基礎知識を確認する手引書、建築士の製図試験の外構を埋める際の参考書としてもお使いいただけるでしょう。

　英語の"Landscape"は、「風景」「景観」「横長」など様々な意味をもちます。そして「ランドスケープアーキテクチャー」（→p.112）は、庭のデザインや景観デザイン、自然の生態系に配慮した環境計画、人々の営みを中心に考えるまちづくりやコミュニティデザインといった領域まで幅広く含むと理解されています。なお本書では、「環境デザイン」という言葉を建築やランドスケープデザインも含むものとして使用します。

　「ランドスケープアーキテクチャー」や「ランドスケープデザイン」が片仮名で呼ばれることが多いのは、幅が広すぎて日本語に訳しにくいためだと思います。生物学、化学、地学、心理学、社会学、工学、美学など文系理系にまたがる様々な要素を含む学際分野です。本書では、その名称の定義に踏み込むことはしません。ランドスケープアーキテクチャーの中の、より小規模で身近な外構デザインと造園設計をまとめて「ランドスケープデザイン」という名称で呼ぶことにしておきます。

ランドスケープデザインの「作品」は竣工時には完成しません。植物は成長に時間がかかり、成長後も変化し続けます。不特定多数の人々が利用する空間は設計者の思い通りには使われません。「それって建築も同じじゃない？」と、賢明な皆さんならお気づきですね。建築に社会性や持続性が重視される時代になりました。それを昔から担ってきたのがランドスケープデザインです。

　本書では、主に専門業者が行う外構や造園の施工や管理をランドスケーピング、住民や利用者が自ら行う植物を中心とした庭づくりをガーデニングと独自に定義しておきます。そして園芸的な要素の強いガーデニングや、農学や環境科学の知識を必要とする環境保全計画や、大規模な開発計画には深入りせず、小さな屋外空間や建築周りのランドスケープデザインに絞って話を進めます。

　内容は、大学の建築設計演習において、学生さんが悩みがち、あるいは見落としがちなところを中心に構成しました。建築系か造園系かにかかわらず、誰もが知るべき最低限の知識です。全体像を素早くつかんでいただくため、文章量を極力抑え、思い切った単純化をしています。さらに専門的かつ実務的に学びたい方は、p.150で紹介する他の詳しい書籍を読んでみてください。

　各課は冒頭の【Discussion】という問題から始まります。皆さんに考えていただくための問題なので、すぐに解説を見ず、まずは3分間ほど自分なりに考え、あるいは誰かと話し合ってみてください。そして「答えはなんだろう？」という気持ちで本文を読んでいただきたいと思います。皆さんの理解をさらに深めるための参考写真や参考イラストもつけてあります。なお外国の写真の地名は、日本で通用している省略形の国名で表記しました。

　さらに各レッスンには、30分程度の短時間に机上でできるエスキス課題がついています。クリエイティブに創作するというよりは、学んだ基本的な知識を確認するための演習なので、問題解決するつもりで取り組んでください。住宅・店舗・公共など様々な種類の建築が登場しますが、A4判の紙面でできるよう、小さな敷地としています。独学も可能ですが、正解は一つではありませんので、指導者のもとで行うことをお勧めします。

　本書で学ぶことにより、皆さんの図面の謎の空白スペースが、建築の価値をさらに高める機能的な屋外空間に変身することを願っています。そして捉えどころの難しい「ランドスケープデザイン」の概要をつかみ、環境問題や社会問題への意識をより一層高められることを期待しています。

ランドスケープデザインに関係すること

はじめに
ランドスケープを味方につけよう！……002

Lesson1 基本を知る……007

1.1 デザインの基本……008
建築と共通する基礎
環境芸術やランドアートとの違い
隅々まで設計する
客観的な図面に表す
施工と管理まで考えて

1.2 プランニングの基本……012
誰のための仕事？
何のためのデザイン？
「住宅」とひとくちにいっても
商業施設
公共施設

エスキス課題1 私の庭……014

Lesson2 敷地をわりあてる……015

2.1 敷地分析……016
接道と周辺環境
建築や設備との関係
自然環境
敷地の現状
敷地の過去と未来

2.2 動線とゾーニング……020
まずどこから始めるか
自動車の進入路
敷地内のゾーニング
動線の分離と歩車分離
敷地内の避難通路

エスキス課題2 住宅の外構……022

Lesson3 描いて伝える……023

3.1 ドローイングの基本……024
線には必ず意味がある
図面らしいフリーハンド
面の塗りつぶしかた
ラベリングのしかた
着色のしかた

3.2 ランドスケープの描き方……028
プレゼンテーション用の図面
地表面の仕上げの描きかた
樹木の描きかた
実施設計の図面
断面図やパースを描く場合

エスキス課題3 住宅地の小公園……030

Lesson4 植物をとりいれる……031

4.1 植栽の基本……032
建築的な配植
規則的配植のすすめ
植栽のスペース
地被類
芝生

4.2 都市緑化……036
都市に連れてこられた自然
樹木を安定させる
屋上緑化
壁面緑化
インテリアグリーン

エスキス課題4 屋上庭園……038

Lesson5 植物を選ぶ……039

5.1 造園植物……040
植物学との違い
市場に出回っている植物
ガーデニングとの違い
造園植物の分類
学名：名は体を表す

5.2 生育環境……044
日照条件
水やりと土壌
その他の生育条件
自然の植生地を参考に
気候と微気象による変化

エスキス課題5 植栽計画……046

Lesson6 外構をしつらえる……047

6.1 舗装材料……048
小舗装材
コンクリート
アスファルト
砂利・砂・土
石・タイル、その他

6.2 エクステリア……052
塀、フェンス
カーポート、サイクルポート
デッキ、テラス
照明と電気設備
椅子、ベンチ

エスキス課題6 エントランス広場……054

Lesson7 楽しい場所にする 055

7.1 遊具 056
児童公園から街区公園へ
遊具の今むかし
インクルーシブ公園
遊び場の安全衛生
水遊び場

7.2 休憩施設・便益施設 060
ピクニックテーブル
あずまや、パーゴラ
ゴミ箱
公衆トイレ
簡易スポーツ施設

エスキス課題7 街区公園 062

Lesson8 高さをつなぐ 063

8.1 造成と排水 064
等高線を読む
切土と盛土
擁壁
水勾配
敷地内の排水経路

8.2 階段とスロープ 068
バリアフリー
階段の寸法
待機スペース
手すり・踊り場・経路
スロープの傾斜

エスキス課題8 坂道の家 070

Lesson9 機能を高める 071

9.1 視線の調整 072
古典から学ぼう
焦点と眺望
誘導と暗示
見え隠れ
縁取り

9.2 環境の調整 076
室温の調節
水のもたらす効果
光の調節
騒音と風の低減
鳥や昆虫

エスキス課題9 集合住宅の共用庭 078

Lesson10 命をまもる 079

10.1 防犯と事故防止 080
デザインによる防犯
「見える化」をすること
公衆トイレ問題
避難路の確保
歩車分離

10.2 防災 084
防風林
防火林
砂防林
防災施設
緊急車両

エスキス課題10 駐車場 086

Lesson11 歴史からまなぶ 087

11.1 伝統的庭園 088
日本庭園
中国式庭園
ヨーロッパ整形式庭園
イスラム式庭園
イギリス自然風景式庭園

11.2 日本庭園の要素 092
見られる方向
庭園要素の意味
風景画として、舞台として
抽象化されたストーリー
自然を際立たせる

エスキス課題11 ポケットパーク 094

Lesson12 近現代を生きる 095

12.1 皆のためのデザイン 096
公園の誕生
都市の中の公園
日本の造園のはじまり
作品化するランドスケープデザイン
環境意識の高まり

12.2 動きのデザイン 100
歩車分離のはじまり
自転車道とランニングコース
動くスピードに応じたデザイン
歩道も生活空間に
街路樹を植える心得

エスキス課題12 歩道と街路樹 102

Lesson13 つながりをつくる …… 103

13.1 歴史と観光 …………………… 104
歴史的景観
日常との調整
映えスポット
テーマパークとレプリカ
縮景

13.2 賑わいのデザイン ………… 108
歩けるまち
ヒューマンスクール
行動をうながすデザイン
使われない施設
持続させるために

エスキス課題13 にぎわい広場 …… 110

Lesson14 仕事を知る …… 111

14.1 海外の動向 …………………… 112
ランドスケープアーキテクチャーへ
米国の免許登録
米国の教育制度
ヨーロッパの動向
世界的な潮流

14.2 日本における可能性 ………… 116
ランドスケープ関連の資格
事務所の開設
緑をとりいれた建築
さらに学びたい人のために
庭職人の将来

エスキス課題の解説 …… 119

エスキス課題1	私の庭	120
エスキス課題2	住宅の外構	122
エスキス課題3	住宅地の小公園	124
エスキス課題4	屋上庭園	126
エスキス課題5	植栽計画	128
エスキス課題6	エントランス広場	130
エスキス課題7	街区公園	132
エスキス課題8	坂道の家	134
エスキス課題9	集合住宅の共用庭	136
エスキス課題10	駐車場	138
エスキス課題11	ポケットパーク	140
エスキス課題12	歩道と街路樹	142
エスキス課題13	にぎわい広場	144

おわりに
建築と造園のあいだ ………………… 146

Column 建築と緑の呼応 ………… 148

Further Reading おすすめ図書リスト …… 150

索引 ………………………………… 151

出典 ………………………………… 154

各レッスンのエスキス課題の解答用紙（A4判）をこちらからダウンロードできます。演習にお役立てください。

Lesson 1

基本を知る

> **Discussion** 下記のような屋外空間は、誰のために、何をめざして、デザインすればよいでしょうか？

公園のような場所で気をつけるべきことは何でしょうか？（米国）

都市部の住宅の外構（左：ベルギー　右：米国）

商業施設の外構では何をめざしますか？（米国）　　公共施設のランドスケープで気をつけるべきことは何でしょうか？（米国）

1.1 デザインの基本

基本的な考え方は建築と同じ

建築と共通する基礎

アートが自主的な創作であり自己表現であるのに対して、デザインは、目的をもち、客観的に検証しながら、制約の中で問題を解決していく行為です。特に**環境デザイン**においては、見た目の良さ、機能、使い勝手、安全性、経済性、社会性、法令遵守、環境への配慮など、様々な方面からの要求を満足させるべく、調整を図る必要があります。(図1・1)

環境芸術やランドアートとの違い

自然を舞台とする**環境芸術**や、自然を材料として制作する**アースワーク**あるいはランドアートというものがあります。これらのアートにおいては環境が芸術活動の材料ですが、ランドスケープデザインにおいては環境が成果物となります。ランドスケープデザイナーがアート作品を制作することはありませんが、アートを用いて環境をデザインすることはあります。(図1・2)

隅々まで設計する

建築を計画した後、敷地内に**放置された空間**はありませんか？ 地面を土のまま放置すると雑草が生えて荒れるため、必ず何らかの仕上げをします。循環のある森の中でもないかぎり「自然のまま」にはできません。床の仕上げを選ぶように、地面の仕上げも目的に合わせて選びましょう。人や車の通る場所と植栽する場所の区画も重要です。(図1・3)

客観的な図面に表す

庭園などの**設計施工**においては、施工者が現場で自らの目で見ながら細かいデザインをすることが可能です。しかし設計者と施工者が別の場合、フリーハンドで適当に書いた図面を渡すと、細かい部分は現場におまかせになってしまいます。自分の意図を間違いなく施工者に伝えるためには、建築同様、寸法や位置を客観的な数字で表せるようにデザインにしましょう。(図1・4)

施工と管理まで考えて

複雑なデザインの施工には時間とコストがかかり、材料に無駄が生じ、ミスが起こりやすく、維持管理がしにくく、後々に破損する可能性が高まります。逆にシャープな感じを狙って**面取り**などの処理を省くと、ぶつかった時に危険なだけでなく角が欠けやすくなります。清掃しにくいデザインや管理に手間のかかるデザインは、時間とともに汚くなりやすいです。(図1・5)

▶ **環境デザイン**
environmental design
建築やランドスケープデザインなど、身の回りの環境をデザインすること。狭義では後者だけをさす場合もある

▶ **環境芸術**
environmental art
その環境においてのみ成立する芸術

▶ **アースワーク**
earthwork
土地を利用して芸術作品をつくること。彫刻としての土地再生、ランドアートともいう

▶ **放置された空間**
leftover space
特段使い道もなく余ってしまった空間は作らないことが原則

▶ **設計施工**
design-build
日本庭園などでは細かいデザインは庭師が現場で材料を見ながら決める

▶ **面取り**
chamfer
角を45°に小さくカットするあるいは丸く削ることにより直角に尖った端部を和らげる加工技術

図1・1　建築と共通する基礎

What is your goal?
目的を見失っていないか
常に自問自答しよう

図1・2　環境芸術やランドアートとの違い

ランドアートの代表例
「スパイラル・ジェティ」
1970年（米国）
ロート・スミッソン作[1]

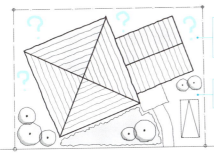

裏庭をこのように放置すると、
土地の無駄づかいだけでなく
不用物の置き場となりやすい

仕上げの境界線がないと
舗装なのか土なのか不明

図1・3　隅々まで設計する

デザインの意図の
分からない曲線は
施工がしにくい

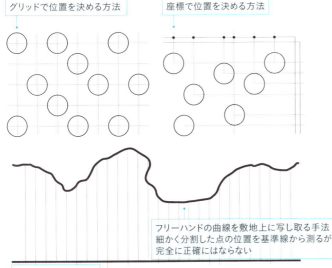

グリッドで位置を決める方法

座標で位置を決める方法

設計者は曲線を描いたつもりが
図面に幾何学的手がかりがなく
直線のツギハギになってしまった
と思われる事例

フリーハンドの曲線を敷地上に写し取る手法
細かく分割した点の位置を基準線から測るが
完全に正確にはならない

基準線（Baseline）

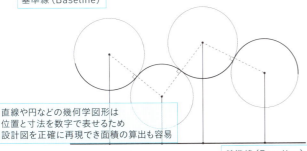

直線や円などの幾何学図形は
位置と寸法を数字で表せるため
設計図を正確に再現でき面積の算出も容易

図1・4　客観的な図面に表す

基準線（Baseline）

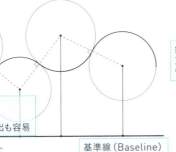

鋭角のスペースは
芝刈りや清掃などの
管理がしにくい

図1・5　施工と管理まで考えて

Lesson 1　Landscape Basics　デザインの基本

009

Visuals

戸建住宅のランドスケープ（米国）

オフィス街のランドスケープ（英国）

商業施設のランドスケープ（米国）

商業施設のランドスケープ（イタリア）

幾何学的デザインの公園（米国）

直線上に規則的に並ぶ植栽（米国）

幾何学的デザインの公園（イタリア）

幾何学的デザインの中庭（米国）

キャンパスを楽しくするアート（米国）

庭空間の完成に不可欠なアート（スペイン）

インスタレーション（岡山城）

グラフィティが街を楽しくする（ポルトガル）

日陰をつくり役立つアート（スペイン）

自然を活かす（ベルギー）

緑を引き締める（スペイン）

都市空間の刺激（米国）

都市空間の刺激（イタリア）

日常を楽しく（米国）

日常を楽しく（米国）

Lesson 1 | Landscape Basics | 事例紹介

011

1.2 プランニングの基本

目的（ゴール）を忘れずに

誰のための仕事？

デザインの仕事には必ず、**クライアント**と**ユーザー**がいます。自分を表現することは芸術であってデザインではありません。芸術を実現するには自己資金または**スポンサー**が必要です。誰の方を向いて仕事をすべきなのか、あなたの設計した場所を使いたいと思うユーザーはいるか、独りよがりになっていないか、常に自問自答しましょう。(図1・6)

何のためのデザイン？

住宅なのか、店舗なのか、オフィスなのか、公共施設なのか、その空間の使用目的によってデザインの考え方は180°変わります。毎日生活する住宅にあっと驚く演出は不要ですし、公共施設に設計者の個人的な思いを込めようとすることも慎みましょう。また、場所や**文脈**を考えずに他所で気に入ったデザインやアイデアをそのまま移植しようとすると、おかしなことになります。(図1・7)

「住宅」とひとくちにいっても

戸建住宅では住人が**DIY**でガーデニングする場合もあり、**専門業者**に依頼する場合でもオーナーの好みに合わせられます。一方、集合住宅においては、分譲か賃貸かを問わず、屋外空間のほとんどは全住民が共用する場所で完成度が求められるため、専門業者に設計・施工・管理を依頼し、デザインも一般受けする管理の容易なものを心がけます。(図1・8)

商業施設

店舗やオフィスビル、レジャー施設などの外観は、不特定多数の**来客**に見せる完成度が求められるため、専門業者に施工と維持管理を依頼することがほとんどです。特に植物に関しては、常に最高の状態を保つため、施工方法も公園などの造園とは異なります。鉢植えを多く用い、花壇や寄せ植えでも、傷んだら簡単に差し替えられるシステムになっています。(図1・9)

公共施設

公共施設においては不特定多数のビジターがいるため、**ユニバーサルデザイン**が必要です。また単年度会計の原則から将来の維持管理予算を計画的に確保できないこと、入札によって工事業者や**指定管理者**を選定することから、特殊な管理を要するようなデザインは避けるべきです。また間接的に費用を負担しているのは納税者であることも忘れないようにしましょう。(図1・10)

▶ **クライアント**
client
設計など専門的サービスの依頼者、発注者、取引先

▶ **ユーザー**
user(s)
利用者、使用者
クライアントと同じ場合も異なる場合もある

▶ **スポンサー**
sponser
経済的に支援してくれる人または団体、出資者

▶ **文脈（コンテクスト）**
context
環境デザインにおいては自然的・社会的な背景

▶ **DIY**
Do It Yourself
自分で何かをつくること

▶ **専門業者**
specialists
デザイナー、園芸装飾業、造園業、ガーデニングなど

▶ **来客（ビジター）**
visitor
オフィスや美術館などに自主的にやってくる客

▶ **来客（ゲスト）**
guest
ホテルやレストランでもてなしを受ける客、招待客

▶ **来客（カスタマー）**
customer
料金や代金を支払う客、常連客

▶ **ユニバーサルデザイン**
universal design
あらゆる人が快適に使えるよう工夫したデザイン

▶ **指定管理者**
designated administrator
役所の委託を受け公共の施設を管理する民間業者

	クライアント	主なユーザー	費用負担者	デザインの方向性
注文住宅	施主	施主	施主	施主の要望
建売住宅	不動産会社	買主	買主	集客、差別化、一般受け
集合住宅（分譲）	不動産会社	買主（複数）		買主集客、一般化
集合住宅（賃貸）	オーナー借主（複数）	オーナー／借主		集客、一般化
商業施設	オーナー	店員、来客	オーナー	集客、差別化、一般受け
オフィス（自社）	オーナー	社員、来客	オーナー	イメージ（CI、CSR）
オフィス（賃貸）	オーナー	社員、来客	オーナー	集客、差別化、一般受け
工場・倉庫（自社）	オーナー	社員	オーナー	環境への影響の緩和
公共施設	国・自治体	職員、利用者	国・自治体／納税者	UD、管理の容易さ、地域貢献
医療・福祉	運営者（官・民）	職員、利用者	運営者	UD、安全衛生
教育施設	運営者（官・民）	職員、利用者	運営者	UD、イメージ、差別化、集客

図1・6　誰のための仕事？

CI　企業イメージ　Corporate Identity
CSR　企業の社会責任　Corporate Social Responsibility
UD　ユニバーサルデザイン　Universal Design

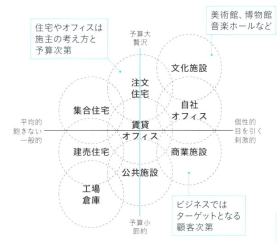

図1・7　何のためのデザイン？

日本には画一的な外観の集合住宅が多いが海外では個性や特色を主張するものも多い

図1・8　「住宅」とひとくちにいっても

ロナルド・メイス博士による
ユニバーサルデザイン七原則：
1. 公平に使えること
2. 柔軟に使えること
3. 単純で直感的に使えること
4. 情報が分かりやすいこと
5. 誤使用が致命的でないこと
6. 身体への負担が少ないこと
7. アクセスと利用のための
　十分な寸法と空間があること

The 7 Principles of Universal
Design by Dr. Ronald Mace:
1. Euitable Use
2. Flexibility in Use
3. Simple and Intuitive Use
4. Perceptible Information
5. Tolerance for Error
6. Low Physical Effort
7. Size and Space for
　Approach and Use

商業施設やオフィスに植物をレンタルする貸鉢業はランドスケープデザインの長期的な植栽とは異なり苗ポットのまま差し込み必要に応じて部分交換する

図1・9　商業施設　　宴会場・レストランの事例

図1・10　公共施設　　よくある街区公園の事例

Lesson 1　Landscape Basics　プランニングの基本

私の庭

エスキス課題1

図の住宅敷地を自分の家だと仮定して、
自分にとっての理想の庭をデザインしてください。

- ●自分はここで誰とどのような時間を過ごしたいかを、簡潔に言葉で表現する
- ●そのためには何があればよいかを、平面図で表現する（平面図で表現、補助的な図を添えてもよい）

今回の課題においては考えなくてよい、あるいは自由に想定してよいことは下記の通りです。
- ●周囲からの影響、周囲への影響
- ●予算、工期、材料の入手可能性、法律など
- ●どこにあるのか（地域性、気候、その土地の文化など）

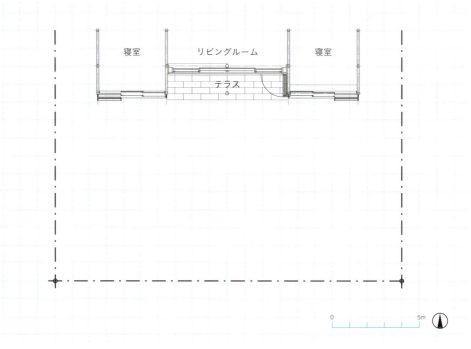

 A4判解答用紙は https://book.gakugei-pub.co.jp/gakugei-book/9784761529109/#appendix からダウンロード可

Discussion Tips　ディスカッション（p.7）のヒント

- A ……… 公園のような場所では、利用者の使い勝手と安全に配慮
- B ……… 商業施設の外構は、魅力を高め集客できるように
　　　　　植栽は常に見た目の良い状態を保てるように
- C D ……… 住宅の外構は、まちなみを損なわない範囲で住む人の好みを表現
- E ……… 役所は、管理予算、市民の利便性や愛着、まちなみの印象を考慮

全てにおいて安全第一、無理のない材料選びや管理計画も重要です。

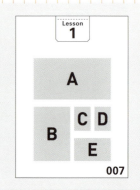

Lesson 2
敷地をわりあてる

Discussion 戸建住宅の外構には、何をどのように配置すればよいのでしょうか？

住宅の庭に置きたいもの、置くべきものは何でしょう？（江戸東京たてもの園・前川國男邸）[2]

玄関アプローチはどのようにデザインしたらよいですか？
（江戸東京たてもの園・前川國男邸）[2]

オープンな玄関アプローチについてどう思いますか？

015

2.1 敷地分析

現地を見にいこう

接道と周辺環境

まずは**前面道路**の幅員、歩道の有無、接道の方角と**間口**、敷地と周辺道路との高低差を図面で確認します。分からない部分は現地で計測します。異なる曜日と時間帯に何度か現地に行き、前面道路の交通量や人の流れを把握しましょう。交差点や横断歩道、駅やバスの停留所といった交通拠点の存在も敷地の出入口の位置に影響します。(図2・1)

建築や設備との関係

建築計画がすでにある場合、開口部の位置を確認し、室内からの眺望や、敷地外からどのような視線があるのかも確認します。隣接する建物の開口部の位置も、お互いのプライバシー確保のために重要です。眺望や視線に問題がある場合、植栽などで改善できないか考えましょう。植栽と干渉しないよう、電気・ガス・水道の引き込みや排水マスなど設備の位置も確認します。(図2・2)

自然環境

周辺の建物などが様々な日時において敷地にどのような影を落とすかを検討し、**日影図**を描いてみましょう。風、周辺建物や舗装による照り返しなども現地で確認します。植栽を考えるため、**土質**が粘土質か砂質かも確認し、必要に応じてサンプルを採取します。その土地の自然環境を知るヒントになるかもしれないので、周辺の植生にも注目しましょう。(図2・3)

敷地の現状

既存樹木がある場合は、残せないか検討しましょう。樹木の成長には何十年という時間がかかるため、お金では買えない価値があります。使える井戸が残っている場合は、災害の時などに役立てる可能性を検討しましょう。**埋蔵文化財**や**残存物**、土壌汚染などが見つかった場合には、調査や除去が必要となり工期や建設コストに影響する恐れがあります。(図2・4)

敷地の過去と未来

周囲にどのような建物があるかを見る時、現在の状況だけなく将来変化する可能性についても考えます。たとえば公道や公園や河川といった**公共地**は簡単にはなくなりませんが、私有地の駐車場や庭や空き地には建物ができる可能性があります。隣地にどのような大きさの建物が建てられるかは、**用途地域**や**容積率**などを調べることによりある程度の予測ができます。(図2・5)

▶ **前面道路**
adjacent street
敷地が接している公道
角地などでは複数ある

▶ **間口**
frontage
敷地が前面道路に接している長さ

▶ **日影図**
shadow diagram
ある時間において日影になる部分を示した図

▶ **土質**
soil types
粒子の細かい粘土が多く含まれると水はけが悪く粒子の粗い砂が多く含まれると水はけが良くなる

▶ **既存樹木**
existing tree(s)
敷地内にある樹木

▶ **埋蔵文化財**
buried cultural property
遺跡や歴史遺産的なものが出土した場合には工事を止めて警察署長に届出をしなければならない

▶ **残存物**
debris, residue
建物の基礎、建築資材のガラ、配管、浄化槽、古井戸など地中に残された廃棄物

▶ **公共地**
public land
国または地方自治体が所有する土地

▶ **用途地域**
land use zones
住宅、商業、工業など、各地域で許容される用途を各自治体が定める

▶ **容積率**
foor area ratio (FAR)
敷地面積に対する床面積の割合の上限

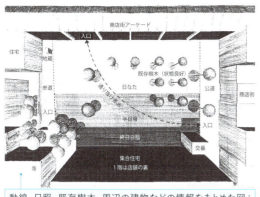

動線、日照、既存樹木、周辺の建物などの情報をまとめた図：建築計画の日影図では周辺への影響が最も大きい冬至の日を基準に考慮するが、ランドスケープで植栽を考える場合は植物の成長に影響する春〜夏を中心に考えてよい

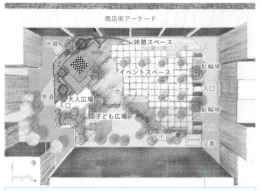

上記の敷地分析を踏まえての街区公園の提案：既存樹木を活かす配置とし、商店街の買物客のための休憩スペース、商店街の延長として使えるイベントスペース、屋外チェスボードのある大人広場、浅い池を渡って入る子ども広場を設けた

図2・1　接道と周辺環境

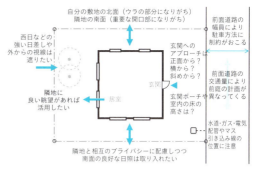

図2・2　建築や設備との関係

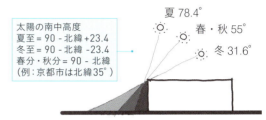

図2・3　自然環境

敷地内に残る既存樹木と庭石。工事の都合から既存樹木を残すことが難しくなる場合も多い

図2・4　敷地の現状

	調べる内容	資料	現地	その他
位置	駅その他の施設からの距離や関係	○		
周辺状況	道路、隣地の状況	○	○	
土地利用	市街地かどうか、法的制約はあるか	○	○	用途地域・地区計画
地域の特性	歴史、風土、文化、文化財の有無、景観	○	○	
動植物	既存樹、在来種、自然植生、生物生息状況	○	○	近隣住民への聞き取り
土	地盤強度、砂質〜粘土質、pH値、混入物・汚染	○	○	古地図も参考に
水	降雨量、排水路、排水状況、地下水位、河川流域	○	○	
日照	日影のできる時間と範囲		○	周辺建物の形状から計算
気象	年間気温、風向・風力、降雨量、積雪、凍結深度	○	○	
交通量	自転車や人の通行量		○	
利用状況	既存施設の場合は利用状況		○	
上位計画	より広域の都市計画マスタープラン	○		自治体の資料
権利関係	土地や施設の所有者、運営者	○		依頼者への聞き取り、登記簿

図2・5　敷地の過去と未来　　用途地域や地区計画から敷地の未来が予想でき、古地図から地盤の安定度が推測できる。上位計画と権利関係は、学校の演習課題においては参考程度にとどめて差し支えない

Visuals

オープン型のフロントヤードでは街の景観をつくる上で各家の玄関アプローチが非常に重要視されている（米国）

塀やフェンスで閉じられてはいるが外に向けた景観に配慮したセミクローズド型の外構（米国）

傾斜のある前面道路と段差のある敷地（米国）　　都市部の小さなフロントヤード（米国）

くつろげる中庭
（フランス・Hotel Magenta38 by HappyCulture, Paris）

露天風呂のある和風のバックヤード
（滋賀県日野町・旅籠別邸六花）

塀で閉じられたクローズド型の街並み（日本）

フェンスによるセミクローズド型の外構（日本）

オープン型の外構（日本）

都市部の小さなフロントヤード（日本）

塀のデザインで差別化するクローズド型の街並み（南アフリカ）

前面道路と平行に停める駐車場（南アフリカ）

前面道路から直角に入れる駐車場（南アフリカ）

Lesson 2 | Site Planning | 事例紹介

019

2.2 動線とゾーニング

建築士試験にも必出

まずどこから始めるか

敷地計画は**動線**と**アプローチ**から考えるのがお勧めです。歩道のある道とない道がある場合には、歩道のある方の道を正面と考え、そちらに主な出入口を設けるのが定石です。次に隣地や周辺の状況を見て、駅やバス停、駐車場といった交通機関からのアクセスや来訪者からの視認性などを考えます。近隣の建物との相互関係、景観に与える影響にも配慮しましょう。(図2・6)

自動車の進入路

歩道の無い道路に接している場合にはそちらから入れましょう。どうしても歩道を横ぎらなければ出入りできない場合には、道路管理者の許可を得て**歩道の切り下げ**を行います。安全上の理由から、一時停止禁止区域である交差点や横断歩道の近くや子どもが飛び出してきそうな出入口の近くなどには、自動車の出入口を設けないようにしましょう。(図2・7)

敷地内のゾーニング

用途による区分けのことで、一般的には利用者や訪問者に開放してもよいエリアを**パブリック**、家族や管理者だけが入ることのできるエリアを**プライベート**に分けます。**主と従**の区画、庭の場合には**ガーデン**と**ヤード**にわけるという説もあります。いずれにせよ、明確なゾーニングは、敷地や建築の安全性と利便性を高めるだけでなく、美観も向上させます。(図2・8)

動線の分離と歩車分離

利用者のオモテ動線と管理者のウラ動線が出会わないようにするのが原則です。敷地が狭く完全に離すことが難しい場合には、明確な区切りをつけ、また必要に応じて目隠しをしましょう。敷地内に駐車場がある場合には**歩車分離**し、自動車と歩行者の動線が交錯しないように計画します。駐車場から建物入口まで、最短かつ安全な通路で到達できるようにしましょう。(図2・9)

敷地内の避難通路

都市部で隣棟と接して建てられる場合を除き、建物の周囲には50cm 以上の空きを設けることが民法で定められています。さらに建物の出口から公道などへ出る通路は、小規模建築なら90cm 以上、大きいものでは150cm 以上の幅員とすることが建築基準法に定められています。火災などの非常時に安全に脱出できるよう、**二方向避難**ができるように計画しましょう。(図2・10)

▶ **動線**
circulation
人の移動する経路

▶ **アプローチ**
entry and approach
敷地入口から建物入口までを結ぶ動線

▶ **歩道の切り下げ**
curb cut
最大幅4mまでなど自治体が限度を定める

▶ **パブリック**
public
不特定多数の人々が使う公開エリアオモテ動線

▶ **プライベート**
private
家族または職員だけが使う非公開エリアウラ動線

▶ **主と従**
served / servant
建築家ルイス・カーンが提唱した、居間や寝室を「主」とし、水回りや廊下を「従」とする区画の概念

▶ **ガーデン**
garden
鑑賞したり園芸を楽しんだりするための庭

▶ **ヤード**
yard
イギリス英語では実用的な屋外空間、アメリカ英語では道に面した表庭がfront yardで裏庭がbackyard

▶ **歩車分離**
pedestrian-vehicle separation
歩行者と自動車の動線が交わらないこと

▶ **二方向避難**
alternative escape routes
別の方向に避難できる選択肢を設けること

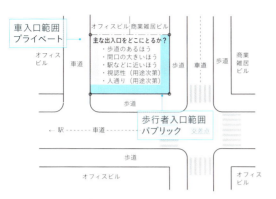

図2・6　まずどこから始めるか

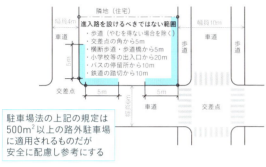

図2・7　自動車の進入路

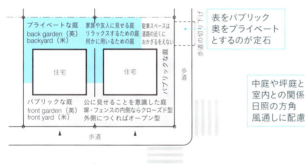
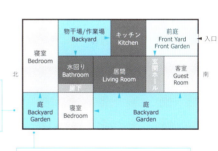

図2・8　敷地内のゾーニング

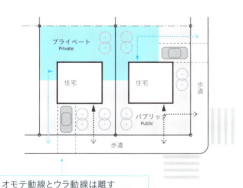
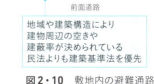
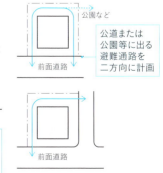

図2・9　動線の分離と歩車分離　　図2・10　敷地内の避難通路

Lesson 2　Site Planning　動線とゾーニング

021

Esquisse エスキス課題2
住宅の外構

住宅の敷地の適切な場所を選び、エクステリアを配置してください。

- 駐車場1台分（3.5×5.0m以上を確保）
- 車椅子を利用する高齢者が住んでいるものとする
- 室内から同じレベルで出られるウッドデッキを設ける
- 庭、植栽スペースを設ける（領域の指定のみ、詳しい内容は不要）
- 洗濯物干場（領域の指定のみ、詳しい内容は不要）
- 必要に応じて塀・柵・生垣などを設け、高さも示すこと
- 敷地は全体に平坦なものとし、今回は排水勾配は考慮しなくてよい

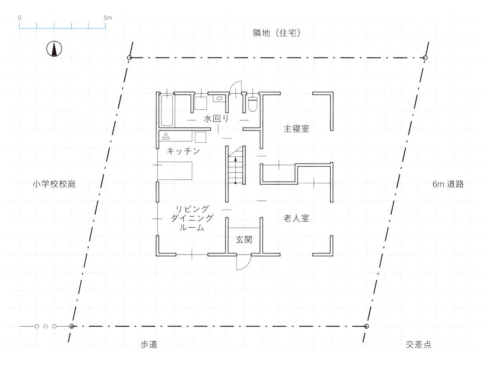

 A4判解答用紙は https://book.gakugei-pub.co.jp/gakugei-book/9784761529109/#appendix からダウンロード可

Discussion Tips ディスカッション（p.15）のヒント

- A……… 裏庭の例。住む人のくつろぎスペースとなる。建築の室内との関係も重要
- B……… 玄関アプローチは家の顔であるが、周辺のまちなみとの調和にも配慮する
- C……… 通路から住宅まで十分な距離がとれる場合には塀や垣を設けずオープンにすることもある
- D……… オープン型にするかクローズド型にするかは、周辺のまち並みにもよる

- 建築計画同様、パブリックとプライベートなどのゾーニングを考えましょう
- 玄関アプローチや駐車場や庭など面積の大きいものから先に配置しましょう
- 面積はもちろん、方位や周辺環境との関係は適切かどうかを検討しましょう

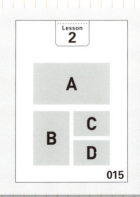

Lesson 3

描いて伝える

> **Discussion** ランドスケープの図面は建築の図面とどう違うのでしょうか？

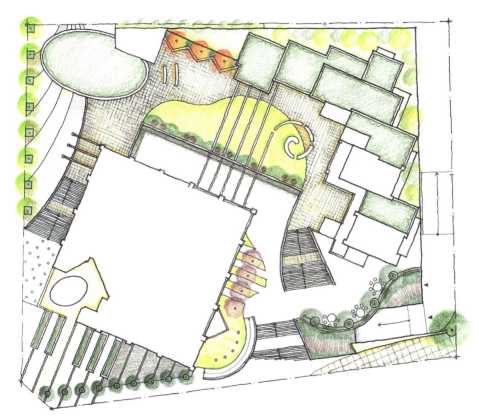

高層と低層からなる複合施設の広場の提案

集合住宅の屋上家庭菜園の提案

アトリウムの提案

3.1 ドローイングの基本

図面とお絵描きのちがい

線には必ず意味がある

平面図や立面図といった二次元の図面においては、複線は壁や塀などの厚みのある部材の断面を表し、単線は位置や境界を表します。仕上げが変わるところでは必ず境界線を引きましょう。**断面**をふくむ**外形線**は、物体と空間との境界線です。段差や**見えがかり線**は、空間上の異なる奥行きを表す境界線です。厚みを表す複線の場合も、2本の線がそれぞれ境界線です。(**図3・1**)

図面らしいフリーハンド

線の始点と終点はハライにせずトメとして描くと図面らしくなります。設計においては、線の位置や長さを明確に把握していなければならないからです。角を描く時には、2本の線を離させたり、角を丸くしたりせず、突き抜けさせて交点を明示しましょう。円や円弧は**フリーハンド**では綺麗に描けないので、必ずコンパスかテンプレートで下描きしましょう。(**図3・2**)

面の塗りつぶしかた

鉛筆の**ストローク**の方向を揃えずに塗ると、子どものお絵かきに見えてしまいます。図を塗りつぶす時には、直線の斜線で並行に線を引くのがおすすめです。**パース**など立体的な図で壁などの平面を塗る場合は、線の角度を面の向きに沿わせてください。輪郭を多少はみ出しているのはOKですが、塗りが輪郭に届いていないものはいい加減な図面に見える恐れがあります。(**図3・3**)

ラベリングのしかた

デザイン要素の名称を図面中に記す**ラベリング**は、指し示す区域や要素の中かなるべく近くかつ図面の線を邪魔しない場所に書きましょう。**引き出し線**は短く整然と、文字は適切な大きさで、上下を揃え、平行線を用いて角張った形に書きます。複数行に渡る時には行間をあけると読みやすくなります。書道や書写における「上手な文字」や達筆とは別ものと考えましょう。(**図3・4**)

着色のしかた

建築やランドスケープのパースは絵画作品ではなく、デザインを伝える図面です。そのため水彩やパステルといった輪郭が曖昧になる画材よりも、色が流れない**色鉛筆**か、ベタ塗り可能で輪郭が明確になる**マーカー**をお勧めします。鉛筆や木炭、パステルを指でこする描き方は、汚れにしか見えない場合が多いので、よほどの上級者でない限りお勧めしません。(**図3・5**)

▶ **断面**
cross-section
断面図において切り口の輪郭を表す線で、最も太く描く

▶ **外形線**
outline
物体の輪郭を表す線
太く明確に描く

▶ **見えがかり線**
visible lines
隠れずに向こう側に見えている物体の輪郭線やや細めの線で描く

▶ **フリーハンド**
freehand
定規などの補助具を使わずに線を引くこと

▶ **ストローク**
stroke
鉛筆などの筆記具で伸びやかに線を引くこと、特に素早く動かして何本も線を引く

▶ **パース**
perspective drawing
遠近法を用いた透視図法で、建築の完成予想図を立体的に描くもの

▶ **ラベリング**
labeling
室や材料の名称の記述

▶ **引き出し線**
leader line
名称と指示対象を結ぶ線

▶ **色鉛筆**
colored pencils
黒鉛筆より柔らかく、消しゴムで消しにくい12〜48色が一般的で、混色もできる

▶ **マーカー**
alcohol markers
アルコール基材の耐水性透明マーカーで、ベタ塗りには慣れを要する

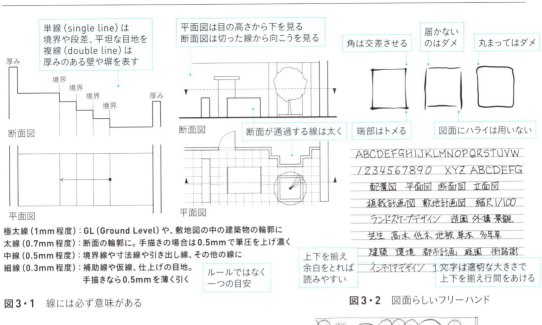

図3・1 線には必ず意味がある

図3・2 図面らしいフリーハンド

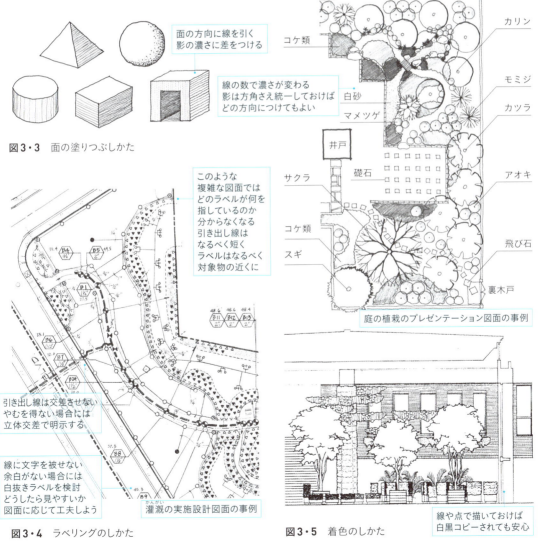

図3・3 面の塗りつぶしかた

図3・4 ラベリングのしかた

図3・5 着色のしかた

Lesson **3** Landscape Graphics｜ドローイングの基本

Visuals

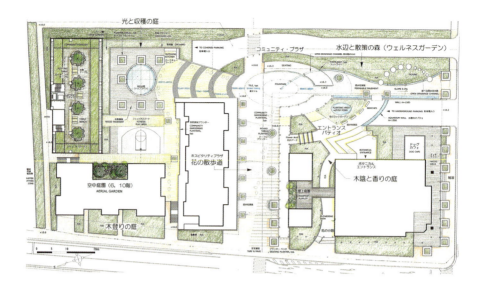

敷地配置図では、建築など設計担当範囲外のものはできるかぎり空白にする

プレゼンテーション用の植栽図では、異なる季節を混ぜて描いても、北半球で影を下向きに描いてもよい

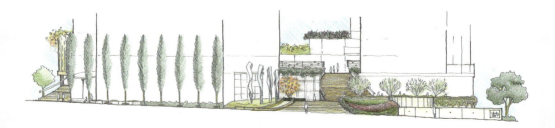

ランドスケープの立断面図は平坦になりがちなので、プレゼンテーションには高さにメリハリのある方向を選んで描く

イメージスケッチでは、植物の成長後のかたちなど設計者が責任をもてない部分は曖昧にしておいてよい

幾何学図形でデザインすると、施工しやすいだけでなく図面も見やすくなる

3.2 ランドスケープの描き方

凝りすぎないことが大事

プレゼンテーション用の図面

設計の意図と魅力を伝えるため、たとえば季節の異なる開花と紅葉などを混ぜて描いても構いません。小規模の造園においては、**プレゼンテーション**と**実施設計**の図面が兼用される場合もあります。建築物など設計担当範囲外のものは省略して描きます。平面図は必須ですが、立面図や断面図は、特に必要がなければ描かないこともあります。(図3・6)

地表面の仕上げの描きかた

ブロックや石材、ウッドデッキなどの**小さな舗装材**を一つひとつを正確に描くと図面がうるさくなるので、範囲を示してラベリングだけしておく、舗装範囲の端の方にだけそれと分かる模様をつけておく、プレゼンテーション用であれば絵として雰囲気だけ表現する方法が考えられます。**現場打ちコンクリート**は、数メートル間隔で目地を極細線で描いておくと伝わるでしょう。(図3・7)

樹木の描きかた

一部の例外を除き、樹木は幹を中心とした円で描くのが基本で、落葉樹、常緑樹、針葉樹などその樹木の分類に応じて細部を少し変えます。大きさとだいたいの種別が分かれば良く、枝や葉のつき方などを詳しく描くよりも、想定される成長後の高さ、**樹冠**の広がる範囲、**単幹**か**株立**かの違いの方が空間のデザインに大きく影響するので、正確に描きましょう。(図3・8)

実施設計の図面

見積もりや工事のための図面なので、たとえば舗装なら施工の範囲を明確に、植栽なら**樹種**と個数と大きさと位置が分かるように描きます。植物は原則として植栽する位置を中心とした円で表現し、同じ樹種を多数並べる場合には、記号化して凡例を用いるか中心点を線でつなぐとよいでしょう。植栽する位置は**基準線**または基準点から数値で測れるようにしておきます。(図3・9)

断面図やパースを描く場合

ランドスケープの図面で立面図や断面図を描くのは、敷地に高低差がある場合や**構造物**を見せたい場合で、植栽は参考程度に描けば十分です。植物の断面や立面を詳細に描いてもその通りには育たないので意味がありません。公共造園などでは利用状況を示すことも重要なので、人物を描き込みますが、場違いな雰囲気の人物を持ち込まないよう留意しましょう。(図3・10)

▶ **プレゼンテーション**
presentation
提案をクライアントまたは審査員に伝えること

▶ **実施設計**
construction documentation
見積もりや工事に使うための詳細な設計

▶ **小さな舗装材**
unit pavers
石、ブロック、レンガ、コンクリート平板、タイルなど

▶ **現場打ちコンクリート**
cast-in-place concrete
現場で型枠に流し込んで固めるコンクリート

▶ **樹冠**
crown
樹木の上部に枝葉の集まった部分。ドイツ語のクローネが馴染み深い

▶ **単幹**
single trunk
幹が1本だけの樹木形状

▶ **株立**
multi-trunk
幹が根本から複数に分かれている樹木の形状

▶ **樹種**
plant species
植物の種類

▶ **基準線**
baseline
工事用の寸法を測る起点となる線

▶ **構造物**
structures
建築、塀、フェンス、その他の工作物

図3・6 プレゼンテーション用の図面

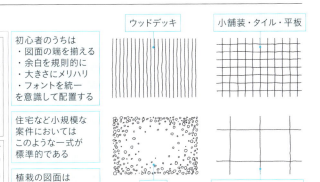

図3・7 地表面の仕上げの描きかた

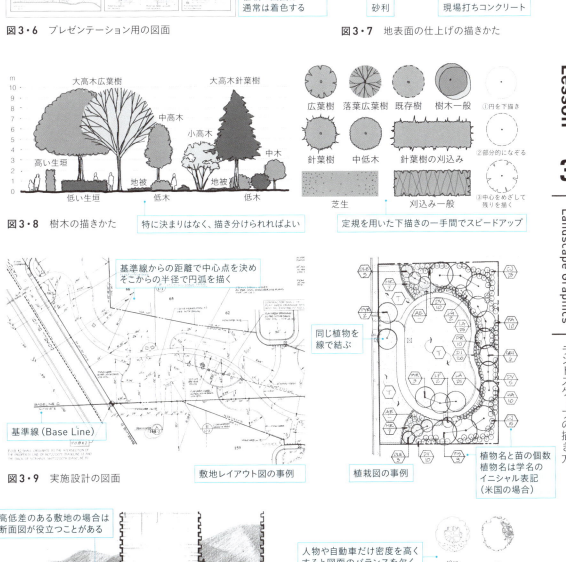

図3・8 樹木の描きかた

図3・9 実施設計の図面

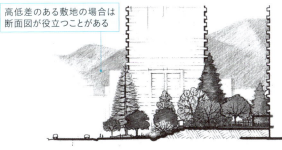

高低差のある敷地の場合は断面図が役立つことがある

人物や自動車だけ密度を高くすると図面のバランスを欠く。CADソフトの詳細な植物のシンボルを濫用しないこと

人物はシルエットであっても適材適所やTPOに留意する。森を散策する人物がスーツやハイヒール姿ではおかしい

図3・10 断面図やパースを描く場合

住宅地の小公園

エスキス課題3

郊外の静かな住宅地に近隣の人々がくつろげる小公園を計画し図面に表現してください。

- ベンチなどの休憩施設、植栽、園路、遊び場などを配置する
- 乳幼児から高齢者まで様々な世代が利用できるものとする
- 敷地はおおむね平坦で、道路と敷地との間に段差はない
- 排水勾配の心配はしなくてよい
- 植物を指定する必要はないが、大きさとタイプのみ区別できるように描く
- 敷地内に空白のスペースを残してはならない
- 計画要素が分かるようにラベリングする（「ベンチ」「芝生」など）
- 必要に応じて計画の意図を文字で書き込む

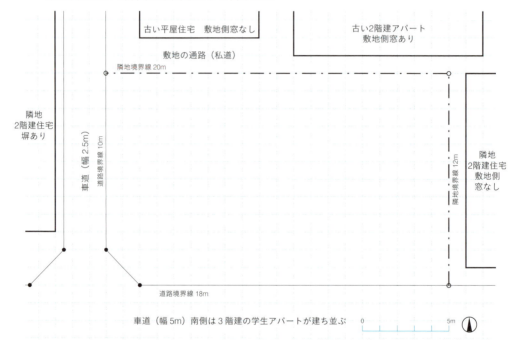

 A4判解答用紙は https://book.gakugei-pub.co.jp/gakugei-book/9784761529109/#appendix からダウンロード可

Discussion Tips　ディスカッション（p.23）のヒント

A ……… 仕上げのテクスチャーが分かるように描く
B ……… 中で人々が何をしているか描き込む
C ……… 設計する範囲を明確にする

注意点：植物の成長後の姿、人物、車両などは、利用されているイメージを伝えるのには有効ですが、設計するわけではないため詳しく描いても意味がありません。特にCADのシンボルを使う場合には、図面全体の密度のバランスに留意しましょう。

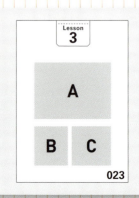

023

Lesson 4
植物をとりいれる

Discussion これらの植物はどのようにして壁や床に植えられているのでしょうか？

屋上庭園の植栽（米国・ニューヨーク市のハイライン）

壁面緑化（大阪・近畿大学）

屋上庭園（米国）

屋上庭園（東京・KITTE丸の内）

031

4.1 植栽の基本

植物を選ぶ前に

建築的な配植

まずは高木、低木、地被の3種類に大きく分けて考えてみましょう。建築設計に慣れている方は、高木を屋根あるいは高い壁、低木を腰壁または台座、地被は床に置き換えて考えると配置が考えやすいかもしれません。高木は1本を独立させて**シンボルツリー**とする場合もあれば、列柱のように一定間隔に植えてリズムを刻んだり領域を示したりする場合もあります。(図4・1)

規則的配植のすすめ

たとえ自然の木立のように見せたい**群植**の場合でも、図面にランダムに描いてしまうと施工者に設計の意図が正しく伝わらない可能性がありますし、現場で位置や寸法を割り出すのにも苦労をかけます。施工を別の人にお願いする公共造園においては、植物の**規格**を明示し、植栽する位置が明確に分かるよう規則的に配植することをお勧めします。(図4・2)

植栽のスペース

根の広がり方は樹木により様々ですが、目安として、上に見えている樹冠と同じくらいの範囲まで本来は広がろうとするものと考えましょう。植栽する**土壌**には、おおよそ水30%や空気30%を含むための空隙が必要なため、根元はなるべく踏み固めないようにしたいものです。地上においても、枝が伸びる可能性や採光、通風に配慮し、余裕のある空間を確保してください。(図4・3)

地被類

地被類はグラウンドカバーとも呼ばれ、地面を覆う低い植栽のことです。低木または草本を用い、草本の場合は毎年の植え替えのいらない**多年草**を用います。高木の足元に植えると雑草防止にもなります。一列ではなく奥行きのある地被の場合、正三角形の頂点に置くように苗を植えていくと、苗どうしの距離が一定になり密度を均等にできます。(図4・4)

芝生

日あたりの良い場所に向きます。日本芝には葉が細く柔らかいコウライシバと葉が太く硬いノシバなどがあり、匍匐根のため正方形またはロール状の土つきのマットとして販売されています。冬枯れしますが、根がしっかり張ったら散水はほとんど不要で踏圧にも耐えます。一方、**西洋芝**は一年中緑を保ちますが、日本芝と比べて散水や芝刈りなどより頻繁な管理を必要とします。(図4・5)

▶ **シンボルツリー**
focal point tree, landmark tree
主役となる目立つ樹木。シンボルツリーは和製英語

▶ **群植**
mass planting
植物をグループとして植えること

▶ **規格**
size and form
高さ(H)と枝張り(W)苗ポットの大きさ、単幹か株立か、など

▶ **土壌**
soil
植栽に適した柔らかく養分を含んだ土

▶ **地被類**
groundcover, GC
木本や草本の株を密に並べるほか、大面積には匍匐性の植物も用いるが、広がり過ぎに注意する

▶ **多年草**
perennials
常緑で毎年花や種子をつける。宿根草は地上部分が冬枯れし、一年草や二年草はそれぞれの年数のみ生きる

▶ **西洋芝**
Western grass
ブルーグラス、ベントグラスなど寒地型の常緑草が多い。暖地型のバミューダグラスは日本芝と同様冬枯れする

・*Grass*：植物としての芝
・*Sod*：正方形の切り芝
・*Turf*：ロール状の芝
・*Lawn*：完成した芝生

『建築と造園をつなぐ ランドスケープデザイン入門』（第 1 版第 1 刷）正誤情報

2024.12.23　学芸出版社

本書の内容に間違いがございました。
ここに訂正させていただきますとともに、深くお詫び申し上げます。

該当頁	誤	正
p.54・p.130 図面中の文字	車道（幅 6m さ高もに側西の）45m ぶ並ち立がルビスィフオの	車道（幅 6m）の西側にも高さ 45m のオフィスビルが立ち並ぶ
p.69 図 8・7	踏面 300 以下	踏面 300 以上
p.70 問題文	図のような急坂の敷地に 9×9m の平屋の建物を計画しています。	図のような急坂の敷地に 8×8m の平屋の建物を計画しています。
p.86 問題文	普通自動車用駐車場（2.5×5.0m 以上）6 台分	普通自動車用駐車場（2.5×5.0m 以上）4 台分
p.93 図 11・8	青竹とシュロの庭箒（奈良・依水園）	青竹とシュロの庭箒（奈良・依水園）

該当頁	図面の修正（図面のレイヤーがずれていました。正しくは以下の図面になります）
p.134 解答例 1	

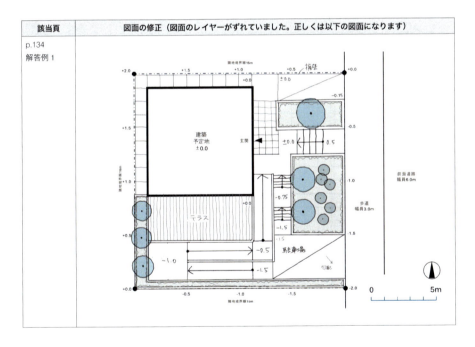

裏面に続きがあります。

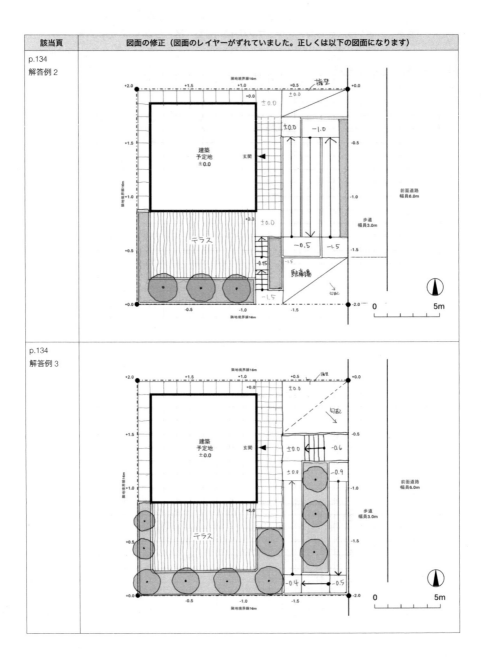

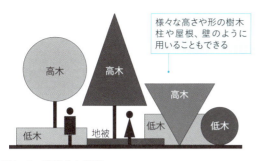

図 4・1　建築的な配植

列柱のような植栽

図 4・2　規則的配植のすすめ

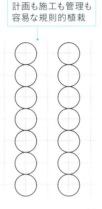

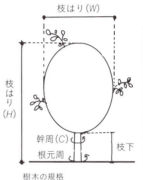

同じ樹木でも様々な大きさや形状で販売されているので、予算や景観が完成するまでの時間を勘案して仕入れる規格を決める。時間が許せば、小さい苗から育てるほうが初期費用が抑えられ、環境に馴染み丈夫に育つ可能性も高まる

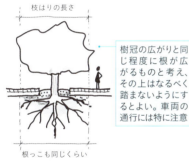

図 4・3　植栽のスペース

樹冠の広がりと同じ程度に根が広がるものと考え、その上はなるべく踏まないようにするとよい。車両の通行には特に注意

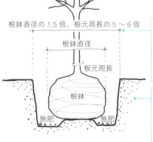

植え穴の目安（根はここからさらに広がる）。高木を植える植え穴は、根鉢の直径よりも大きく掘る

周囲の空間は根回しで切られた根が再び成長しやすいよう柔らかい土で埋め戻す

ある程度の大きさに成長した樹木を植える場合は、樹木の畑や山から移植する。根が広がったままでは運べないので、あらかじめ根を切って根巻きをし、コンパクトな根鉢にまとめておく。根を切られることによるダメージを最小限にする準備作業を根回しという。事前に相談をまとめておく「根回し」はここから来ている

図 4・4　地被類

9 株/m²　　6 株/m²　　4 株/m²

三角形に植えるとより均等で密になる

規則的に植えると必要個数／面積が見積もりしやすい

種類	種類	生育	特徴・用途
高麗芝	暖地型	ほふく茎、遅い	東北以南で一般的 ゴルフ場のグリーン
野芝	暖地型	ほふく茎、遅い	日本に自生、葉が太く丈夫 法面やゴルフ場のラフ
姫高麗芝	暖地型	ほふく茎、早い	葉が柔らかく繊細 成長が早いので管理が大変
バミューダグラス	暖地型	ほふく茎、中間	踏圧に強く、日陰に弱い 日本芝と似た性質をもつ
ライグラス	寒地型	種子、極早	暖地にも生育、牧草用 冬のオーバーシードに利用
ベントグラス	寒地型	ほふく茎、中間	乾燥と病虫害に弱い ゴルフ場のグリーン
ブルーグラス	寒地型	地下茎、遅い	北海道など寒冷地に強い ゴルフ場のフェアウェイ

図 4・5　芝生　　暖地型は冬枯れし、寒地型は冬も緑色を保つ

Lesson 4　Planting Design　植栽の基本

Visuals

立体的屋上庭園の先駆的な事例（大阪・なんばパークス）[3]

建物全体を緑化した実験的環境配慮集合住宅（大阪・NEXT21）　　「山」をコンセプトとした階段状ステップガーデン（アクロス福岡）

大都市に安らぎをもたらしCO_2を削減する緑（広島・県庁前）　　駅前の操車場跡地に出現した大芝生（大阪・グラングリーン）

中庭のシンボルツリー（スペイン・ミロ美術館）

蔓性植物をネットやポールに這い上がらせる（東京、大阪）

ポットを水平に差し込む壁面緑化システム（大阪）

ポットを垂直に差し込む壁面緑化システム（大阪）

丸太の支柱（イタリア）

木製支柱と根囲い保護材（那覇）

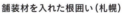
舗装材を入れた根囲い（札幌）

仮設の支柱（札幌）

支柱も植えマス蓋も見せない植え方（米国）

高木の足元は影になるので芝生は避ける（UAE・ドバイ）

Lesson 4 | Planting Design | 事例紹介

035

4.2 都市緑化

都市の植物は頑張っている

都市に連れてこられた自然

ビル風、ガラス面からの照り返し、室外機からの熱風、大気汚染など、市街地の環境は植物にとって望ましいものではありません。せめて十分な量の土を提供したいですが、歩道や広場において植栽に割ける面積は極めて限られており、根がしっかり張れない状況がほとんどです。そこで**根囲い保護材**などを用い、狭い空間の中で人間の歩行と植物の健康の共存を図ります。(**図4・6**)

樹木を安定させる

都市部の歩道や広場では、場所をとらず樹木の保護にもなる常設の**支柱**が多く用いられています。地下で根鉢を固定し地上部分に何も見えない**地下支柱**は、スッキリした空間が求められる場合に選ばれます。根囲い保護材は、空気や水を通しながら、樹木の根本が踏みつけられることを防ぎます。周辺の舗装材を入れて連続性を保てるタイプもあります。(**図4・7**)

屋上緑化

人工地盤の耐荷重を超えないよう、少量の**培土**で植物を育てる設計とします。根の浅い植物を使うため倒木対策も必要です。そして建物を傷めないよう、床スラブ上には防水処理と防根処理をし、管理のしやすい排水計画とします。培土には発泡系の基材や繊維マットなどで作られた人工土壌を用いますが、水の比重は変えられないので、少ない水で育つ植物を選びましょう。(**図4・8**)

壁面緑化

ツル性植物を壁の上または下の水平面に植えて壁面に添わせたメッシュに這わせる、苗ポットを差し込めるパネルを壁の前に取りつけるなど、様々な方法があります。建物緑化は今や世界的な潮流です。横にしても流れ落ちないスポンジ状の培土や、散水まで含めた壁面緑化システムなどの商品も資材メーカーが研究開発し発売しているので、上手に利用しましょう。(**図4・9**)

インテリアグリーン

たとえ大きく明るいアトリウムであっても、屋内空間で生きた植物を育てることは容易ではありません。光だけではなく、風通しも必要ですし、冷暖房は植物には過酷です。植物の成長に適する有機質の土には、カビや虫が発生します。**観葉植物**はインテリア用に適した植物ですが、地植えほど長持ちしないので、いつでも取り替えられるよう鉢植えにしておくのがお勧めです。(**図4・10**)

▶ **根囲い保護材**
tree grate
根の周りを踏まれないよう保護し、通気性を確保する。根元保護蓋、踏固防止蓋などの別名の他、ツリーサークル、ツリーキーパーなど商品名で呼ばれている

▶ **支柱**
tree stake
樹木が倒れないよう丸太や竹を組み合わせ、または鉄などでつくる支持材

▶ **地下支柱**
underground guying
invisible tree anchor
地下で根鉢を固定することによって樹木が倒れないようにするシステム

▶ **人工地盤**
artificial ground
建物の屋上などに人や車を載せたり植物を植えたりして地盤のように機能するようにした構造物

▶ **培土(培養土)**
potting soil
植物の生育のために通気性をたもつ基材や肥料などを混ぜ込んだ土、またはそれに代わるもの

▶ **ツル性植物**
climer(登るもの)
creeper(這うもの)
甲子園球場で有名なツタなどは壁に張りついて建物を傷めるため、建物から離して植えるとよい

▶ **観葉植物**
house plants
日照の少ない屋内や鉢植え栽培に適した植物で、熱帯や亜熱帯産の植物が多く用いられる

Planting Design
Urban Greenery

樹木を都会生活から守る　樹木が生活環境を守る
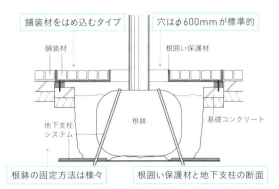

図4・6　都市に連れてこられた自然

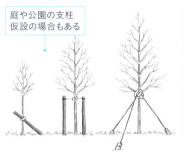

図4・7　樹木を安定させる

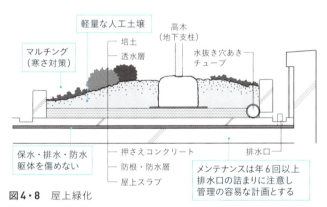

図4・8　屋上緑化

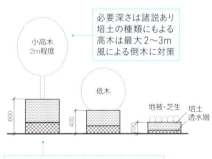

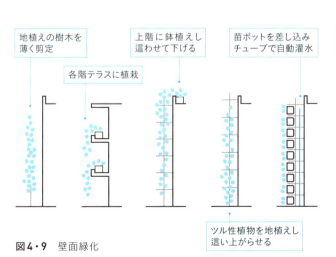

図4・9　壁面緑化

図4・10　インテリアグリーン

Lesson 4　Planting Design　都市緑化

037

屋上庭園

ルーフテラスに緑豊かな庭園を計画し、
平面と断面の略図を描いてください。

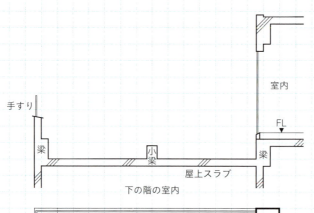

- 室内の床からバリアフリーで外に出て休憩できるよう計画する
- 日々の植栽の管理が容易にできるようにしておく
- 樹木を植える場合は、略図でよいので根鉢の大きさも描く
- 根や水などで建築物の躯体を傷めないよう配慮する

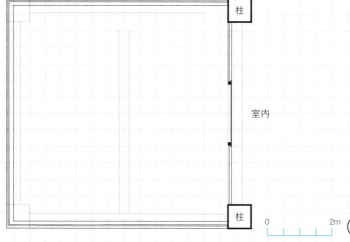

A4判解答用紙は https://book.gakugei-pub.co.jp/gakugei-book/9784761529109/#appendix からダウンロード可

 Discussion Tips ディスカッション（p.31）のヒント

A ……… 樹木の根鉢が入る深さの人工地盤で、根囲い保護材は周辺の舗装材と同一の材料
B ……… 壁面から少し離した壁面緑化棚に、スポンジなどの基材に植えた苗を差し込む
C ……… 各階に設けたテラスの屋上庭園
D ……… 比較的浅い人工地盤でも、地被や低木なら植栽できる

屋上緑化ではでは荷重超過にならぬよう発泡系の軽量な人工土壌を用い、散水の余剰分や雨水が適切に排水できるように計画します。十分に根が張れない場合が多いので倒木対策をし、浅根性で大きくなりすぎない樹種を選びましょう。

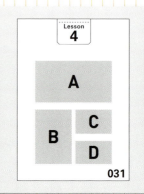

Lesson 5
植物を選ぶ

Discussion こういった植栽を日本の公園で見かけないのはなぜでしょうか？

色とりどりの寄せ植えが華やかなパリのリュクサンブール庭園（フランス）

チューリップが咲きほこるニューヨークの公園（米国）

ローマのモリコーニ音楽堂の外構（イタリア）

トリノのリンゴットの屋上庭園（イタリア）

5.1 造園植物

30万種類以上の植物の中から

植物学との違い

まだ発見されていないものも含めると、地球上には何百万の植物があるといわれています。自然界にある**原種**を交配した**栽培品種**のうち、観賞用に見た目をよく改良されたものを園芸品種といい、バラだけでも3万種ほどあるそうです。新品種の開発は日々行われており、これからも増えていきます。私たちはこれらを全て覚えなければならないのでしょうか？（図5・1）

市場に出回っている植物

街路樹や公園などの公共造園では、管理が容易で値段も手頃な1,000種類程度の**造園植物**の中から選んで使います。少なくとも五万文字以上ある漢字の中から当用漢字だけを使っているのと同じです。山で素敵な植物を見かけたとしても、市場になければ使えません。よく出回っている植物ならば**市場価格**の動向が把握でき、見積もりもしやすくなります。（図5・2）

ガーデニングとの違い

四季の花を楽しんでもらう目的の花壇では、**一年草**や**二年草**も用いて頻繁に植え替えをします。個人邸や商業施設などにおいては、仕入れや日々の管理が可能なのであれば、造園植物に限らず広い範囲から植物を選んでもよいでしょう。しかしそれは植物についての高度な知識を有する**園芸家**やガーデンデザイナーの仕事であり、ランドスケープデザインとは違います。（図5・3）

造園植物の分類

植物学では**形態学**に基づいて分類しますが、造園では全体的な見た目を基準に植物を分類します。そこでは高木や低木といった植物の大きさだけではなく、針葉樹か広葉樹か、落葉樹か常緑樹か、葉の色、花や実や紅葉の時期など鑑賞価値を中心に考慮します。ツル性植物、タケ・ササ類、ソテツ・ヤシ類なども適材適所で使っていきましょう。（図5・4）

学名：名は体を表す

日本では造園植物が**和名**で流通していますが、地域による別名や異種同名もあるため混乱することがあります。学名は、植物系統学により科、属、種、亜種、変種、品種で分類され、造園では主に属（Genus）と種（Species）を用います。国際植物命名規約にそって認定を受けた世界共通の唯一名称で、**学名**はその植物の性質や由来を教えてくれます。（図5・5）

▶ **原種**
wild species
改良されていない野生種

▶ **栽培品種**
cultivar
品種改良により特定の性質を保持する品種

▶ **造園植物**
landscaping plants
主に公共造園用に市場に流通している植物

▶ **市場価格**
market price
「建設物価」などの月刊誌で地域別の標準的な仕入れ価格がだいたい分かる

▶ **一年草**
annuals
1年で枯れる草本
一年生植物

▶ **二年草**
biennials
2年で枯れる草本
二年生植物

▶ **園芸家**
horticulturist
植物を美しく育てることを職業または趣味とする人々

▶ **形態学**
morphology
主に花や果実などの細かい器官や組織を見る

▶ **和名**
Japanese name
日本で通用している名称

▶ **学名**
scientific name
実際には、登録上のミスや学術的見解の相違から複数の学名が存在する場合もある。学名はラテン語なので、ローマ字と同じように読む

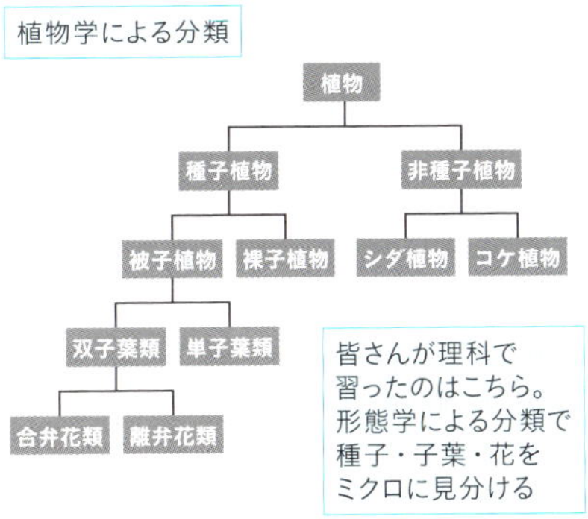

植物学による分類

```
              植物
         ┌─────┴─────┐
       種子植物      非種子植物
      ┌──┴──┐      ┌──┴──┐
    被子植物 裸子植物 シダ植物 コケ植物
   ┌──┴──┐
  双子葉類 単子葉類
  ┌──┴──┐
合弁花類 離弁花類
```

皆さんが理科で習ったのはこちら。形態学による分類で種子・子葉・花をミクロに見分ける

図5・1　植物学との違い

図5・2　市場に出回っている植物

図5・3　ガーデニングとの違い

常緑針葉樹
アカマツ
イチイ
イヌマキ
カイヅカイブキ
クロマツ
コウヤマキ
サワラ
スギ
ドウトウヒ
ヒノキ
ヒマラヤスギ
ラカンマキ

落葉針葉樹
イチョウ
イヌカラマツ
カラマツ
スイショウ
メタセコイア
ラクウショウ

常緑広葉樹
アラカシ
ウバメガシ
ウラジロガシ
カクレミノ
キンモクセイ
クスノキ
クロガネモチ
サザンカ
サンゴジュ
シマトネリコ
シラカシ
シロダモ
スダジイ
ソヨゴ
タイサンボク
タブノキ
ツブラジイ
トウネズミモチ
トキワマンサク
ネズミモチ
ハマビワ
ヒイラギ
ヒイラギモクセイ
ヒメユズリハ
フサアカシア
ホルトノキ
マテバシイ
モチノキ
モッコク
ヤブツバキ
ヤブニッケイ
ヤマモモ
ユーカリ
ユズリハ

落葉広葉樹
アオギリ
アカシデ
アキニレ
イタヤカエデ
イヌシデ
イロハモミジ
ウメ
エゴノキ
エノキ
エンジュ
カシワ
カツラ
カリン
クヌギ
ケヤキ
コナラ
コブシ
サクラ類
サルスベリ
シダレヤナギ
シラカンバ
スズカケノキ
タイワンフウ
トウカエデ
トチノキ
ナツツバキ
ナンキンハゼ
ニセアカシア
ネムノキ
ハクモクレン
ハナミズキ
ヒメシャラ
ブナ
ポプラ
マンサク
ミズナラ
ムクゲ
ムクノキ
ヤシャブシ
ヤマハンノキ
ヤマボウシ
ユリノキ

これらの代表的な高木の他、低木、地被類、タケ・ササ、ヤシやソテツなどの特殊樹、ツル性植物などが造園で用いられる

図5・4　造園植物の分類

和名	属名(Genus)	属名の意味	種名(species)	種名の意味
アジサイ	Hydrangea	水の器	macrophylla	大きな葉
ヒマワリ	Helianthus	太陽の花	annus	一年
アサガオ	Ipomoea	イモ虫のような(ツル)	nil	青い（花）
クロマツ	Pinus	ヤニ（の出る）	thunbergi	ツンベルグ氏が発見
アカマツ	Pinus	ヤニ（の出る）	densiflora	花が密につく
ツバキ	Camellia	カメル氏が発見	japonica	日本原産の
クチナシ	Gardenia	ガーデン氏が発見	jasminoides	ジャスミンのような(香り)
サクラソウ	Primura	(春)一番に咲く	sieboldii	シーボルト氏が発見
イチョウ	Ginkgo	銀杏の読み間違い	biloba	ふたつに分かれた葉
イロハモミジ	Acer	鋭く尖った	palmatum	手のひらの形の
ケヤキ	Zelkova	ジョージア語のケヤキ	serrata	ノコギリ状の（葉）

二つに切れたbiloba

手のひら形のpalmatum

ノコギリ状のserrata

図5・5　学名：名は体を表す

Lesson 5　Plant Selection　造園植物

041

サツキ・ツツジ類（開花時）
2,000以上の園芸品種がある

ヘデラ類
500以上の品種があり管理が容易

アベリア類
葉の美しい園芸品種もあり、管理が容易

左　ホソバヒイラギナンテン
右　オタフクナンテン

ハツユキカズラ
新芽が白とピンク色になる

フェリフェラオーレア（ヒノキ類）
日向では一年中黄金の葉が楽しめる

後ろの丸い葉　ツワブキ
前の細い葉　ヤブラン

左前　ハイビャクシン　右後 ツツジ
右手前　カイヅカイブキ

アオキは日陰の強い味方
斑入りの葉は日陰を明るく見せる

アジュガ（地被）
ブロンズの葉と紫の花で日陰にも強い

クリスマスローズ（低木）
園芸品種が多く日陰にも強い

上　コムラサキ（低木）
下　タマリュウ（地被）

ケヤキ（落葉樹）
箒型の樹形が美しく建築家に人気

クスノキ（常緑樹）
小さなスペースに植えるべきではない

シラカシ（常緑樹）
高木にも生垣にもなる

モミジバフウ（落葉樹）
秋に葉が赤や黄色になる

ユリノキ（落葉樹）
別名チューリップの木、秋に黄葉する

メタセコイヤ（落葉樹・針葉樹）
秋に葉が鮮やかなオレンジ色になる

ソヨゴ（常緑樹）
手入れが容易で人気の小高木

ヤマボウシ（常緑樹・落葉樹）
晩春〜夏に白い花

サルスベリ
夏に赤・ピンク・白の花

ドウダンツツジ（落葉低木）
秋に鮮やかに紅葉する
（奈良・依水園）

ドウダンツツジ（落葉低木）
冬は落葉しても枝ぶりが美しい
（東京・東京都庭園美術館）

ドウダンツツジ（落葉低木）
春は明るく柔らかな新芽が楽しめる
（新潟・北方文化博物館）

Lesson 5 | Plant Selection | 事例紹介

5.2 生育環境

無理を強いないこと

日照条件

植物は、日向を好む植物、**半日陰**を好む植物、日陰を好む**耐陰性植物**に分かれます。植栽スペースを作る場所の日照条件を確認し、相応しい植物を選んでください。なお野菜や果実を育てるには、**光合成**によって栄養成分を作るための十分な日照が必要です。また芝生は1日6時間以上、耐陰性の高い種類でも1日数時間は日照がないと綺麗に育ちません。(図5・6)

水やりと土壌

植物には湿った環境を好むものと乾いた環境を好むものがあり、分けて植えないと水やりの管理が難しくなります。水もち・水はけは、土壌粒子の大きさや、**団粒構造**になっているかどうかに大きく影響されます。土壌粒子は小さいものから粘土、シルト、砂、礫に分類されます。粘土の多い土は水もちがよく湿りやすく、水はけがよく乾きやすいのは砂の多い砂質土です。(図5・7)

その他の生育条件

土壌はある程度は改良できますが、日照や気象条件は簡単に変えられません。**ハーディネスゾーン**に応じた耐寒性の他、風の強い場所には耐風性、海の近くには耐潮性、道路や工場の近くでは耐汚染性のある植物を選ぶようにします。実が落ちたら困る場所には雄樹または結実しない品種を用います。また、外来種を用いる時は原生種を駆逐しないように配慮しましょう。(図5・8)

自然の植生地を参考に

本来の生育環境を意識して植物を配置すると、管理がしやすく違和感のないデザインとなります。ハーブや**グラス類**は一般に水はけと日あたりの良い場所、森の樹木の下に自生するような地被類や低木は少し湿った半日陰を好みます。水辺の植物は水辺に、潮風に強いクロマツは海辺に、痩せた土地に強いアカマツは岩山に合います。(図5・9)

気候と微気象による変化

その年の気温により開花時期は変わります。気候、特に冬の気温により、多年草が一年草になったり、常緑樹が落葉樹となったりすることもあります。また自然の植生分布自体も、近年の気候変動により北へ上へと移動しつつあります。都市部におけるエアコン室外機から出る温風やガラス張りのビルの照り返しなどによる**微気象**の変化も、植物の生育に影響を与えます。(図5・10)

▶ **半日陰**
partial shade
一日のうち数時間だけ日があたる場所や、木漏れ日など日射のうち数パーセントが透過して届く場所のこと

▶ **耐陰性植物**
shade plants
森の下草のように育つ植物で、日陰といっても500ルクス以上は必要

▶ **光合成**
photosynthesis
植物の葉緑素が光を受けて二酸化炭素を吸収し、炭水化物を生成

▶ **団粒構造**
aggregation
土の粒子が集まって大きな粒子となった空隙の多い構造

▶ **ハーディネスゾーン**
hardiness zone
植物の耐寒性により栽培適地を選ぶための地域分け米国農務省(USDA)が作成

▶ **グラス類**
ornamental grasses
ススキなどイネ科を中心とした草で、繁殖力が強いものは植える場所に注意

▶ **微気象**
micro climate
人間の生活圏における温湿度の状態で、建築やランドスケープデザインと密接な相互関係にある

	和名	学名	種類	水やり	1	2	3	4	5	6	7	8	9	10	11	12
中高木	シラカシ	Quercus myrsinifolia	常緑	中				芽	花							
	ソヨゴ	Ilex pedunculosa	常緑	中										実		
	ヤマボウシ	Cornus kousa	落葉	中						花				実	紅葉	
小高木	ハナミズキ	Cornus florida	落葉	中				花						紅葉・実		
	ヤマモモ	Myrixa rubra	常緑	中						実						
	サザンカ	Camellia sasanqua vars.	常緑	中	花										花	
	セイヨウカナメ	Photinia x fraseri	常緑	中					花							
低木	アベリア	Abelia x grandiflora	常緑	乾〜中							花					
	イヌツゲ マメツゲ	Ilex crenata	常緑	中												
	シャリンバイ	Rhaphiolepis umbellata	常緑	乾〜湿					花					実		
	オタフクナンテン	Nandina domestica 'compacta'	常緑	中		紅葉									紅葉	
	センリョウ	Chloranthus glaber	常緑	中	実										実	
	ドウダンツツジ	Enkianthus perulatus	落葉	乾〜湿					花						紅葉	
	アオキ	Aucuba japonica	常緑	中	実											実
地被	ヘデラ	Hedera canariensis Hedera helix	多年草	中												
	リュウノヒゲ タマリュウ	Ophiopogon japonicus	多年草	中												
	アジュガ	Ajuga reptans	多年草	乾〜湿					花			紫葉				
	ヤブラン	Liriope platyphylla	多年草	中								花				
	ツワブキ	Farfugium japonicum	多年草	乾〜湿										花		
	フッキソウ	Pachysandra terminalis	多年草	乾〜湿												
	サルココッカ	Sarcococca confusa	常緑	中	実	花・実										実

図5・6　日照条件 — 比較的日陰に強く管理の容易なため、市街地で使いやすい造園植物の例

粘土 0.005mm以下　シルト 0.075mm以下　砂 2mm以下　礫 75mm以下
（日本地盤工学会による分類）

砂が多いほど水はけがよくなり粘土が多いほど水もちがよくなる

土壌の粒子は団粒構造のほうがやわらかく通気性がよく水はけもよいため養分も入りやすく根も育ちやすい

単粒構造　　団粒構造

図5・7　水やりと土壌

暑さに強い	ウバメガシ、サルスベリ、オリーブ、柑橘類など
寒さに強い	ミズナラ、ナナカマド、ヤブデマリ、西洋芝など
乾燥に強い	ニセアカシア、ベニカナメモチ、ローズマリーなど
風に強い	イヌマキ、ヤマモモ、サザンカ、シマトネリコなど
潮風に強い	サルスベリ、ネムノキ、アベリア、アオキ、ツツジなど
生長が遅い	アラカシ、イヌツゲ、ハナミズキ、サルココッカなど
肥料が不要	イヌツゲ、シラカシ、ソヨゴ、ヤマボウシなど
病虫害に強い	アラカシ、イヌマキ、ヤマボウシ、アオキなど

図5・8　その他の生育条件 — 環境圧に耐える樹木の例

図5・9　自然の植生地を参考に — 海辺に多いクロマツ 岩場に育つアカマツ（宮城県の松島）

図5・10　気候と微気象による変化 — 寒い地方ほど落葉樹が増える（米国ニューヨーク）

植栽計画

郊外の住宅地にある小さなカフェの植栽を計画してください。

- ●南側は歩道のない幅員6mの公道である
- ●日常の管理は植物に詳しくない従業員が行うため、高度な管理はできない
- ●年に数回だけ造園業者に管理を依頼する
- ●樹種を選び、プレゼンテーション用の形式で表現する
- ●第一種低層住居専用地域（高さ制限10m）の閑静な住宅地である
- ●穏やかな気候の地域で、強風や潮風、排気ガスなどの心配はない
- ●本課題においては植栽に集中し、園路やベンチなどは考えなくてよい

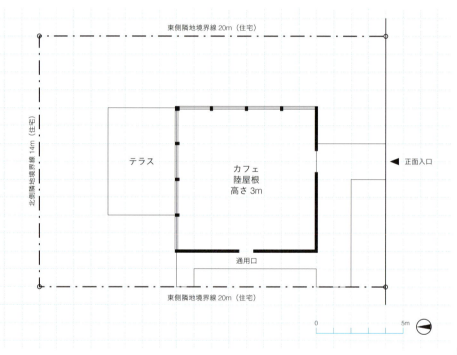

 A4判解答用紙は https://book.gakugei-pub.co.jp/gakugei-book/9784761529109/#appendix からダウンロード可

Discussion Tips　ディスカッション（p.39）のヒント

- A ……… 密度の高い寄せ植えは高湿度な日本の気候では成功しにくい
- B ……… 球根植物や一年草は植替えが必要。花物を綺麗に維持するには手間がかかる
- C ……… オリーブなどの植物は乾燥した地中海性気候と強い日差しを好む
- D ……… グラス類も概ね明るく乾いた場所を好み、また大面積の敷地にこそ映える

気候の合わないところに植えても健康には育たないので、その土地に適した植物を選ぶことが何よりも肝要です。また外来の植物は自生の植物を駆逐してしまう恐れもあるため、輸入品を使う際には慎重になりましょう。

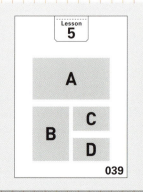

Lesson 6
外構をしつらえる

Discussion これらの舗装は何でできていて、どのように施工されているのでしょうか？

この歩道は何で舗装されているでしょうか？　このデザインに問題点があるとすれば、それは何でしょうか？

子どもの遊び場にはどのような舗装が多いですか？

これらの地面には何が起こっているのでしょうか？

砂利のようだが動かない、これは何でしょうか？

Hardscapes

047

6.1 舗装材料

用途に応じて「床」を変えよう

小舗装材

石畳によく使われるピンコロ石、レンガ、コンクリート平板などは、**モルタル**でも**砂ぎめ**でも施工できます。コンクリートブロックの一種でより動きにくく作ってある**インターロッキング**ブロックは通常砂ぎめで施工し、砂の部分から水が染み込み排水が良いという利点があります。さらにブロック自体が水を通す**透水性舗装**や、環境に優しい**緑化ブロック**もあります。(図6・1)

コンクリート

歩道や広場、小面積の駐車場に多く用いられます。もし300mmや600mmといった小さな間隔で**目地**があれば**プレキャストコンクリート**平板と思われますが、数メートルごとにヒビ割れ防止目地が入っている場合は、**現場打ちコンクリート**に違いありません。コンクリートは、滑りにくい刷毛仕上げや洗い出し、模様をつける型押しなど様々な表面仕上げができます。(図6・2)

アスファルト

熱した状態で塗布し冷えると固まる材料で、道路など大面積の舗装に使われます。伸縮性があるので目地がいらず連続した舗装ができますが、修繕するとツギハギが目立ちます。鮮やかな色のカラーアスファルトは、自転車道などを区分したい時にも使われます。アスファルトは建築の防水にも使いますが、逆に雨水が染み込むように作った透水性アスファルトもあります。(図6・3)

砂利・砂・土

砂利は低コスト品から高級なものまで各種あります。歩きにくいので他の舗装材と組み合わせて使いましょう。砂には川砂と山砂があり、特に粒子の細かい**真砂土**は、西日本でよく使われています。低コスト、水をかけて**養生**すると固く安定する、色合いに温かみがある、無機質なので雑草が生えにくいなどの利点があります。(図6・4)

石・タイル、その他

天然石やタイルは高価なため、小面積の舗装や特別な場所に用いる場合が多く、20mm程度の厚みの平板をコンクリート基盤の上にモルタルで貼りつけていきます。その他、枕木、遊び場や運動場に使う**ゴムチップ**やウレタン舗装、木材のチップを樹脂で固めた木質材料や、リサイクル材料を用いた新素材など、各メーカーからいろいろ開発・発売されています。(図6・5)

▶ **モルタル**
mortar
セメントと砂を混ぜたもの水を入れ練り固める

▶ **砂ぎめ**
sand joint
目地を砂で埋めて固定

▶ **インターロッキング**
unit paver
本来は噛み合って動かないコンクリートブロックの意味だが、単純な長方形のものも含めてこう呼ばれている

▶ **透水性舗装**
permiable paving
水を通す舗装

▶ **緑化ブロック**
green block
目地に土を生やして草を植えられる舗装用ブロック

▶ **目地**
joint
小舗装材の隙間、あるいはコンクリートにひび割れ防止のためにつける溝

▶ **プレキャストコンクリート (PC)**
precast concrete
コンクリートを工場であらかじめ成型すること

▶ **現場打ちコンクリート**
cast-in-place concrete
コンクリートを現場で型枠に流し込み施工

▶ **真砂土**
decomposed granite
花崗岩を細かく砕いた砂状の舗装材

▶ **養生**
curing
コンクリートなどの材料が安定するまで保護しておくこと

▶ **ゴムチップ**
rubber paving
ゴムの小片を樹脂で固めたもので衝撃吸収性がある

図6・1 小舗装材

天然石の小舗装材（ピンコロ石）砂ぎめ施工作業中

小舗装材の砂ぎめ施工は舗装パターンも自由自在

車両に対応しながらも水を通す緑化ブロック

上：コンクリートブロック
下：コンクリート平板

図6・2 コンクリート

現場打ちコンクリートひび割れ防止目地つき

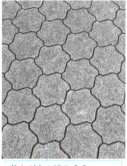

昔ながらの噛み合うインターロッキングブロック

左：現場打ち刷毛引き仕上げ
右：型押しコンクリート平板

継目のない舗装が可能

図6・3 アスファルト

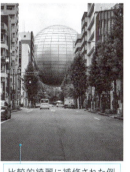

比較的綺麗に補修された例継目がほとんど見えない

最も安価な砕石
臨時の舗装や駐車場に

図6・4 砂利・砂・土

最も高級な丸石
粒の小さなものなら入手可能
（京都・京都仙洞御所）

アスファルトのごとく継ぎ目なく仕上がったテラゾーのアート歩道

図6・5 石・タイル、その他

アートが刻まれた天然石舗装 旧原美術館（2021年に解体）

タイル張り

天然石舗装

Lesson 6　Hardscapes　舗装材料

049

ピンコロ石のモダンな舗装（ポルトガル）

ブロックとPC平板で区切りをつける（日本）

切石とピンコロ石の砂決め舗装（イタリア）

左はインターロッキングブロック、右はPC平板（日本）

色の異なる小さな石で模様をつくる（スペイン）

陶器を埋め込みアクセントをつける（日本）

色の異なる小さな石で模様をつくる（フランス）

瓦と砂利と天然芝を取り混ぜた透水舗装（日本）

舗装やグレーチングと一体化し風景にとけこむベンチ（米国）

ベンチ間の距離や向きにより人々の関係性が変わる（米国）

自然な雰囲気のベンチでも足元は舗装で保護する（英国）

様々な座り方ができる金属パイプ製のベンチ（イタリア）

屋外アートのような佇まいのベンチ（ポルトガル）

方向性が無いため様々な向きに座ることができる（米国）

自由に動かして使える公園の椅子（フランス）

照明と植栽を組み込んだベンチ（UAE・ドバイ）

Lesson 6 | Hardscapes | 事例紹介

051

6.2 エクステリア

意外と目立つので気をつけよう

塀、フェンス

金属製のフェンス、コンクリートブロック塀、レンガ塀、石積み、木製の板塀、植栽による生垣などがあります。これらの構造物を設ける場合、地上部分だけでなく地中の**基礎**や根も**隣地境界**からはみ出さないように注意しましょう。隣地境界線の直上に塀やフェンスを設ける場合は、隣地の所有者と協議する必要があります。大きさにより様々な法律規制もかかります。(図6・6)

カーポート、サイクルポート

ガレージ（車庫）よりも開放的な構造の駐車・駐輪スペースです。屋根を設けると**建築基準法**の適用を受ける建築物となりますが、一定の条件を満たせば建築面積や床面積から除外することができます。日本ではアルミ製の既製品を多く見かけますが、屋根があるだけで大きな存在感を放つので、建築物や街並みに配慮して丁寧にデザインしましょう。(図6・7)

デッキ、テラス

デッキや**テラス**は、室内のように使うことができる屋外スペースで、建築面積や床面積に含まれる場合と含まれない場合があります。建築に付属させる場合には屋内外をつなぐための重要な要素となります。様々な材料で作られますが、**無垢材**のウッドデッキは数年に一度の塗装が必要なため、**木質材料**で木の雰囲気を出した商品も多く使われています (図6・8)

照明と電気設備

一定規模の庭、公共施設や商業施設の外構、歩道、公園には、夜間の安全のために屋外照明が必要です。太陽電池と**LED**を組み合わせたソーラー式の**庭園灯**が増えてきましたが、十分な太陽光を得られる場所と向きに設置する必要があります。確実に点灯しなければ困る場所では、電気配線を設けておきましょう。**人感センサー**による自動点灯照明は防犯に有効です。(図6・9)

椅子、ベンチ

木材、金属、コンクリート、**合成樹脂**など様々な材料で作られます。素材やかたちだけでなく、どのような向きに配置するかにも留意しましょう。それによって座っている人どうしの関係性や、周囲を通り過ぎていく人々の気配の感じ方が変わります。柔軟な使い方のできるベンチがある一方、寝転べないように仕切りをつけた「意地悪ベンチ」(→ p.108) もあります。(図6・10)

▶ **基礎**
foundation
構造物の地下にはほぼ必ずこれがある

▶ **隣地境界**
boundary
隣の敷地との境目

▶ **建築基準法**
building code
各国または自治体で決められた建築に関する法律

▶ **デッキ**
deck
屋内の床の延長として持ち上がった床

▶ **テラス**
terrace
地面または屋上を石やタイルで舗装した床

▶ **無垢材**
solid wood
製材したままの木材で方向性や質にムラがある

▶ **木質材料**
wood-based materials
木材を分解、均質化、接着し再構成した工業化製品

▶ **LED**
Light-Emitting Diode
発光ダイオードで、長寿命

▶ **庭園灯**
garden light
防雨設計とし、夜間の庭を照らすために設置する

▶ **人感センサー**
motion sensor
人の動きを感知してスイッチをオン・オフするセンサー

▶ **合成樹脂**
plastic
石油由来の高分子有機化合物で、熱・圧力によって成型できるものの総称

フェンスの水平の桟は梯子のように登ると危ないため、公共の場所では垂直が原則である。細いワイヤーであれば水平に張ることも可能。エクステリアに用いられる金属は、錬鉄（wrought iron）、鋳鉄（cast iron）、ステンレス鋼（stainless steel）、アルミ（alminium）銅（copper）、など

日本で石や木材などの自然材料をエクステリアに使う場合は、雨に強いものを選ぶ必要がある。そのため天候の変化に強く手入れが簡単なアルミ製の既製品を使うことが多く、画一化した景観を作りやすい。樹脂製品は手入れが容易だが、天然材料に比べて長い目で見た場合の耐久性は劣る

図6・6　塀、フェンス

カーポートやサイクルポートは敷地内の延床面積の1/5を限度に延床面積から除外できる。また下記の条件を満たすものは端から1mまでの部分を建築面積に算入しなくてよい
・柱の間隔が2m以上
・天井の高さが2.1m以上
・外壁のない部分が連続して4m以上
・地階を除く階数が1

図6・7　カーポート、サイクルポート

地上階で屋根の無いデッキやテラスは、建築面積に算入しない。屋根があっても3方向が開放的であれば、建築外壁から長さ2mまでは建築面積から除外できる。2階以上で屋根のないバルコニーの場合、階下に柱や壁がなく周囲の3方が壁で囲まれていなければ、外壁から1mまでは建築面積から除外でき、2mまでは延床面積からも除外できる。屋根のあるベランダやインナーバルコニーは延床面積に含まれる

図6・8　デッキ、テラス

庭や植物や建物を照らし出すためだけではなく、照明そのものを建築やランドスケープの主役にすえるデザインが増えた。電光掲示板など動きのあるものも登場している

図6・9　照明と電気設備

目の前を人が頻繁に往来するような配置は落ち着いて座れない

いかにも「ここに座りなさい」と言わんばかりのベンチには、むしろ人が集まらない

図6・10　椅子、ベンチ

Lesson 6　Hardscapes　エクステリア

エントランス広場

都会のオフィスビルのエントランス広場を計画してください。

- 建物へのアプローチであるとともに来客や近隣の人々も使える都市の広場である
- 高層ビルに囲まれており日当たりはあまりよくない
- 敷地に面したオフィスビルの1階はガラス張りのエントランスロビーである
- 飲み物と軽食を売る移動販売車(4.5×1.8m)用のスペースを1台分確保する
- ビル名は建物入口に記されているので看板を立てる必要はない
- 誰でも自由に使える休憩用のベンチを20人分以上設ける
- 舗装材を適切に表現し、その境界線を明示する

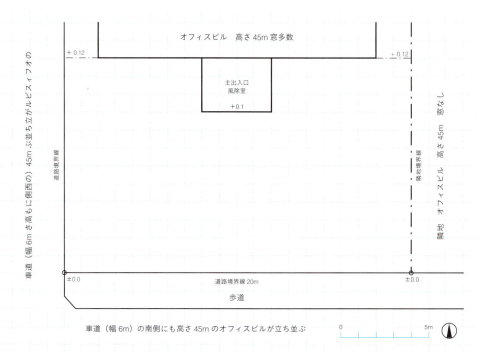

 A4判解答用紙は https://book.gakugei-pub.co.jp/gakugei-book/9784761529109/#appendix からダウンロード可

Discussion Tips ディスカッション(p.47)のヒント

A……… コンクリート平板とピンコロ石をモルタルで固定(問題点は下記欄外参照)
B……… ひと昔前の公園に多かったのは真砂土、新しい公園ではゴムチップが多い
C……… 工事で空いた穴をツギハギに補修したアスファルト
D……… 車輪が乗らない日のあたる部分のみ芝生を植え緑化している
E……… 小砂利をモルタルで固め表面に露出させた洗い出し工法

大きめの石は拾って投げられると危ないので、もっと小さいものを使うべきでした。
地面と同じ高さに揃えた刈込みは、うっかり踏み込むと落とし穴のように危険です。

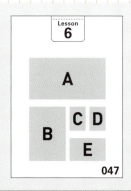

Lesson 7
楽しい場所にする

Discussion 庭園ではなく「公園」をデザインする時、何に配慮すべきでしょうか？

住宅地の公園（米国・カリフォルニア州）

遊具のような彫刻作品（札幌・大通り公園）

噴水や水遊び場（米国・オレゴン州）

園路と休憩施設（フランス・パリ）

7.1 遊具

安全と衛生と創造性

児童公園から街区公園へ

1990年の「出生率1.57」発表によって顕在化した日本の少子高齢化問題ですが、その後さらに子どもは減り続け、2023年現在の出生率は1.20です[4]。これにともない都市部の公園では遊具の撤去が進み、大人向けの健康器具に入れ替わりつつあります。児童公園という名称も**街区公園**に変更され、全ての世代の方が快適に過ごせる公園を目指すべき時代となりました。(図7・1)

遊具の今むかし

かつての児童公園には砂場・ブランコ・すべり台が設置され、**三種の神器**と呼ばれていました。その後タコの形をした山のようなすべり台や、様々な遊具を組み合わせた**複合遊具**、木製遊具も登場しました。回転ジャングルジムなどの動く遊具も流行しましたが、指などが巻き込まれるといった事故をきっかけに消えていきました。(図7・2)

インクルーシブ公園

高齢者や障害者も含め全ての人々が楽しめるのが**インクルーシブ公園**で、欧米やアジア諸国ではすでに広まっています。年齢層の異なる子ども、外国人といった、多様な属性の人々が安全かつ快適に過ごせる空間を目指し、休憩施設、**案内板**、トイレなどにおいても配慮します。**利用者満足度調査**を行い、使う人の意見を取り入れながら改善しながら育てていくことが必要です。(図7・3)

遊び場の安全衛生

子どもが飛び出した場合の衝突を防ぐため、遊具の周囲には**安全領域**を設けることが肝要です。さらに幼児など小さい子どもが遊ぶ場所には、保護者が座って見守れるスペースを、何かあればすぐに助けにいけるような位置につくる必要があります。**砂場**はいつの時代にも人気がありますが、猫が糞をする恐れがあるため、定期的な清掃と消毒といった衛生管理が必要です。(図7・4)

水遊び場

温暖化が進む昨今、水遊び場が増えています。**水景施設**は管理の手間やコストがかかりますので、暑い時期や利用者の多い日のみ水や霧を出すなどの工夫も必要です。水が使われていない時にも見栄えの良いデザインが求められ、最近は地面から吹き出すタイプのものが主流です。水をためる場合にも、5cm程度までの深さにしておくと管理がしやすいです。(図7・5)

▶ **街区公園**
neighborhood park
半径250mの誘致圏、面積0.25haを基準とされるが、おおむね0.1ha (1,000m²)

▶ **三種の神器**
typical play equipments
1956年の都市公園法で設置が義務づけられたが、1993年の法改正で義務化が廃止された

▶ **複合遊具**
play set
すべり台やジャングルジムなどを複数の遊具を組み合わせたもので、現在は世界各地でこのタイプが主流

▶ **インクルーシブ公園**
inclusive park
日本では2020年に東京にできた砧公園やIKESUNPARKをきっかけに注目された

▶ **案内板**
sinage, information board
地図や安全上の注意など。ピクトグラムを用い、外国語も併記する

▶ **利用者満足度調査**
post occupancy evaluation (POE)
利用者の意見を聞く調査

▶ **安全領域**
safety zone
遊具によって異なるが、上部も含めた全方向に2m以上の空間を確保しておけばおおむね安全側である

▶ **砂場**
sandbox
カバーをかける、柵を設けて出入りをコントロールするといった対策をとる

▶ **水景施設**
water feature
噴水、池、滝など水をつかった修景施設や遊び場

図7・1　児童公園から街区公園へ　　児童公園　　大人のためのトレーニング公園

図7・2　遊具の今むかし　　三種の神器のある公園　　身長に合わせ立ったままでも車椅子でも遊べる砂場

図7・3　インクルーシブ公園　　インクルーシブ遊具　　大人も子ども楽しく遊べるハンモック

図7・4　遊び場の安全衛生　　金網フェンスは危ない　　子どもの目の高さに尖った角があると心配

図7・5　水遊び場　　滑りにくい水底で、わずかな水でも涼しく、水を止めてもおかしくならないデザインが増えている

Lesson 7　Recreation　遊具

Visuals

シェードをかけて暑さにも対処（UAE・ドバイ）

昭和後期の「タコちゃん」と回転遊具（大阪）

景観にとけこむベンチをそなえた児童公園（フランス）

現在世界的に主流となっているのは複合遊具（米国）

カラフルな分別用ゴミ箱（イタリア）

車椅子やベビーカーに対応したピクニックテーブル（米国）

大人用の健康器具（ドバイ、UAE）

大人がトレーニングできる公園（米国）

柔らかいゴムチップでできた遊具と舗装（スペイン）

物語性のある遊具とゴムチップ舗装（米国）

少し大きな子ども向き、大型の木製複合遊具（スペイン）

身体を動かして楽しめる屋外チェス（南アフリカ）

乳幼児でも体が不自由でも安全に楽しめるブランコ（米国）

大人も楽しめる回転椅子（米国）

スケートボードパーク（徳島）

角の尖った遊具には安全対策を十分に（東京）

Lesson 7 Recreation 事例紹介

059

7.2 休憩施設・便益施設

ベンチ以外に何がいる？

ピクニックテーブル

飲食や読書などに使われる他、最近ではノートパソコンでリモートワークをする人も多いので、日陰を用意するとよいでしょう。ただし公共空間では過度に閉鎖的な個室化をしないことが大切です。**ピクニックテーブル**には椅子もセットで固定されている場合が多いですが、車椅子やベビーカーのままで利用するための空きスペースも設けておきましょう。(図7・6)

あずまや、パーゴラ

夏の猛暑が厳しくなった昨今、日陰を提供する**あずまや**や**パーゴラ**必要性が高まっています。**キオスク**と呼ばれる簡易な売店を設ける場合もあります。あずまやにはベンチのような腰掛けを設けることが一般的です。パーゴラは閉じた屋根がないので雨宿りには適しませんが、棚にはわせた植物と合わせて適度な日陰を作ることができます。(図7・7)

ゴミ箱

日本ではここ30年ほどで公共の場所からすっかり姿を消してしまった**ゴミ箱**ですが、海外では公園にも駅にも必ずあります。これらのゴミ箱は分別用にカラフルに色分けされ、景観のアクセントにもなっています。テロ対策でゴミ箱が撤去された事情は世界中どこでも同じはずですが、なぜ日本だけはゴミ箱が無いままなのか、理由を考えてみましょう。(図7・8)

公衆トイレ

ゴミ箱とは逆に海外に少なく日本に多いのが**公衆トイレ**です。最近は車椅子や**オストメイト**、オムツ替えなどに対応したバリアフリートイレも増えてきました。公衆トイレの起源は古代ローマ帝国に遡り、19世紀末頃から男女別の個室化が進みましたが、最近では性自認や介護に配慮し性別を問わない「誰でもトイレ」もあります。欧州では有料トイレが主流です。(図7・9)

簡易スポーツ施設

本格的な競技は運動公園以上の規模でないとできませんが、フィットネスジムにあるような**屋外健康器具**が整備された公園もあり、若者から高齢者まで利用しています。**球技**や**スケートボード**は若者に人気のスポーツですが、他の利用者にとって危険になる可能性が高いので、どのように棲み分けて楽しんでもらうか、公園の運営者にとっての難しい課題です。(図7・10)

▶ **ピクニックテーブル**
picnic table
屋外で食事などをするための椅子つきのテーブル

▶ **あずまや**
gazebo, pavillion
休憩または眺望のために設けられる、柱と屋根だけの建築物。東屋、四阿

▶ **パーゴラ**
pergola
藤棚やぶどう棚のような構造物で、屋根が無いために建築物には該当しない

▶ **キオスク**
kiosk
主に売店だが、中東ではあずまやと同義に用いられる

▶ **ゴミ箱**
trash can, trash bin
一般ゴミ、プラスチック、金属缶と硝子瓶、紙、の4種に分別することが一般的

▶ **公衆トイレ**
public toilet
海外では有料のものも多い

▶ **オストメイト**
ostomate
ストーマ袋を洗浄するシンクなど、人工肛門対応施設

▶ **屋外健康器具**
outdoor gym equipments
屋外に設置され自由に使えるトレーニング器具

▶ **球技**
soccer, basketball, etc.
フェンスなどで隔離された範囲内のみで許可されている場合が多い

▶ **スケートボード**
skateboard
広場や斜面があると練習に使われがちである

テーブルを伸ばし
ベビーカーや車椅子に対応

図7・6　ピクニックテーブル

海外の公園には
必ずゴミ箱がある

パーゴラの下に
思い思いに使える
大きめのベンチ

図7・7　あずまや、パーゴラ

図7・8　ゴミ箱

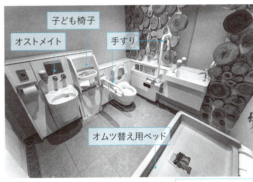

子ども椅子
オストメイト
手すり
オムツ替え用ベッド
バリアフリートイレ

図7・9　公衆トイレ

ソフトボール場
トレーニングコーナー
子ども遊具1（高学年用）
子ども用バスケットフープ
中学生用サッカー場
駐車場
子ども遊具2（低学年用）
子ども遊具3（幼児用）
BBQコーナー
監理事務所
水泳プール
テニスコート
倉庫
ピクニック

簡易スポーツ施設のある
筆者設計の近隣運動公園
（1998、米国）

図7・10　簡易スポーツ施設

Lesson 7　Recreation　休憩施設・便益施設

061

エスキス課題7
街区公園

郊外の住宅地に、多世代の多様な人々が安心して利用できる公園を計画してください。

- 既存樹木はできる限り残して活用する
- 現状では境界上にフェンスや塀はない
- 東の公道に向けて水勾配がとれている程度のほぼ平坦な敷地である
- 自治体の所有する公園なので特別な管理はできない
- 小学校低学年くらいまでの子どもの遊び場を設ける（ボール遊びは禁止でよい）
- 園路、休憩施設、トイレ、駐輪場20台分程度、植栽を設ける
- その他、ここにあったらいいなと思うものを自由に計画してよい

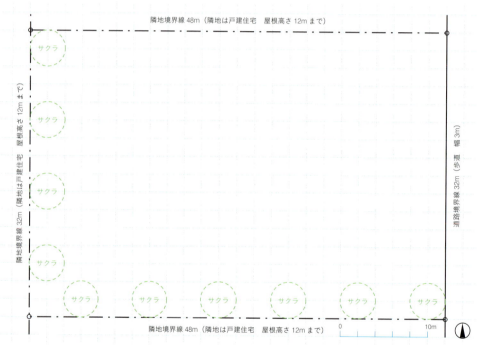

 A4判解答用紙は https://book.gakugei-pub.co.jp/gakugei-book/9784761529109/#appendix からダウンロード可

Discussion Tips　ディスカッション（p.55）のヒント

A……遊具、休憩施設、ゴミ箱など、利用者の年齢層や需要を考慮して設置する
B……遊具など子どもが使用するものは、角を取るなどして安全に十分配慮する
C……水景施設では、管理計画、ランニングコスト、安全の確保に十分注意する
D……不特定多数の人々が利用する園路は、十分な幅員をとりバリアフリーとする

公園は全ての人々のためのものなので、ユニバーサルデザインが大前提となります。また自治体が運営する場合が多いので、維持管理の容易なデザインとすること、そして管理予算が過大にならないようにあらかじめ計画しておくことも大切です。

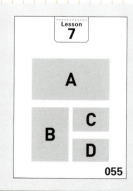

Lesson 8
高さをつなぐ

Discussion 屋外の階段やスロープの傾斜はどのくらいが適切だと思いますか？

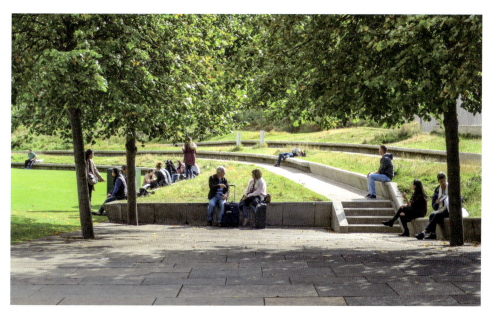
傾斜を段差にして腰掛けられるようにしておくと、人が座っていてもいなくても絵になる（英国）

坂の多い街、サンフランシスコ（米国）

傾斜が急すぎる場合は擁壁を設けて段差に（スペイン）

上り下りしやすい階段の寸法はどれくらいでしょう？（米国）

8.1 造成と排水

建築との一番の違い

等高線を読む

高校までの地理で習ったことのある人もいるかもしれません。山筋（尾根）と谷筋が見てすぐ分かるようになるとよいのですが、迷ったら切断線を引いて交わる**等高線**の数字つまり高さを見ましょう。あたりまえのことですが、水は谷筋を流れます。斜面や丘陵地などに建築する時には、敷地はほぼ平らに造成し、周辺と段差あるいは崖ができる箇所には擁壁を設けます。(図8・1)

切土と盛土

建築用地を平らに造成する時、**切土**や**盛土**を行います。土の購入や運搬や廃棄には大きなコストがかかるため、切土と盛土の量が同じになるように設計しましょう。切土した地面は比較的固く支持力がありますが、盛土した部分はいくら突き固めたとしても柔らかく安定するまでに時間がかかるため、盛土の方が**安息角**が厳しく設定されます。(図8・2)

擁壁

造成によってできた崖の崩壊を防ぐために設ける壁が**擁壁**で、石、コンクリートブロック、鉄筋コンクリートなど土圧に耐える頑丈な材料でつくります。擁壁には、裏側の土中に溜まった水の水圧で崩壊しないよう、面積3m²以内ごとに少なくとも1個の、内径が750mm以上の水抜き穴を設けることが宅地造成等規制法に定められています。(図8・3)

水勾配

建築内部の床に微妙な傾斜があればそれは不具合とみなされますが、逆に屋外のランドスケープデザインにおいては、床に**水勾配**という僅かな傾斜をつけ、地表面に水が溜まらないようにします。水勾配は、床の素材表面の粗さにもよりますが、歩きやすさも考慮し1～2%程度とします。**透水性舗装**であっても、滞水に備えて最低限の水勾配は必要です。(図8・4)

敷地内の排水経路

敷地内に降った雨や排水は、隣地に流れ込むようなことが決してないように排水経路と水勾配を計画します。排水には、道路脇の側溝のような**開渠**、排水口に水を落として地中の排水管に流す**暗渠**があります。**浸透式排水**とこれらを組み合わせ、より効率的で自然に近い排水システムを構築することが、近年では主流となりつつあります。(図8・5)

▶ **等高線**
contour lines
同じ高さをつないだ線

▶ **切土**
cutting
傾斜地の土を掘削して平らな地面を造ること

▶ **盛土**
embankment
傾斜地に土を追加して平らな地面を造ること

▶ **安息角**
angle of repose
土の山が崩れてこない角度の限界。土質や切土・盛土によって異なる

▶ **擁壁**
retaining wall
土留壁のうち仮設でなく永続的にそこに残すものを擁壁と呼ぶ

▶ **水勾配**
drainage slope
排水勾配ともいう。表面排水を流すことができる勾配

▶ **透水性舗装**
permeable paving
雨水を地盤に染み込ませる舗装

▶ **開渠**
open ditch
地表面に見える排水溝

▶ **暗渠**
culvert
地中に埋設した排水管

▶ **浸透式排水**
permiation drainage
透水性の表層により雨水をその場で地中へ戻す。水たまりを防ぎ、排水管や河川の流量負荷を抑え、地下水を涵養する

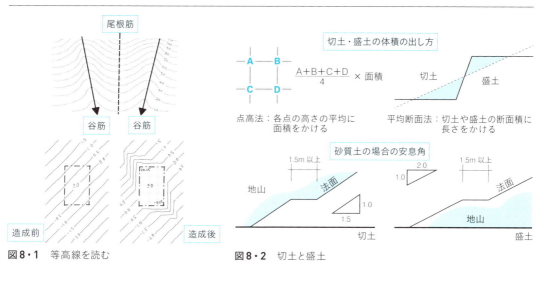

図8・1　等高線を読む

図8・2　切土と盛土

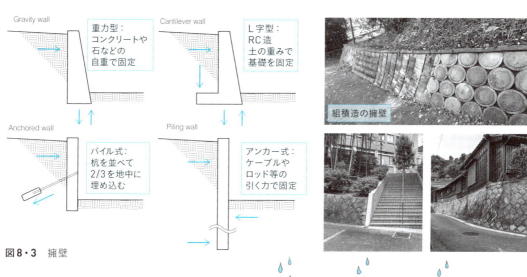

図8・3　擁壁

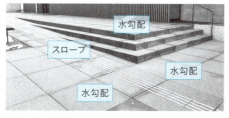

図8・4　水勾配

街の美観を高める側溝の蓋

図8・5　敷地内の排水経路

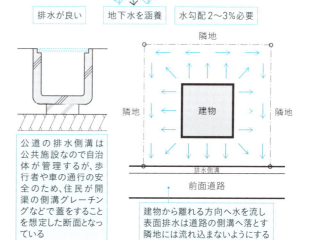

1/6程度の坂道でも体感的にはかなり急に感じる（米国）

一部でも階段があるとバリアフリーにならない（米国）

確実に排水させるテラスの水勾配（和歌山・インフィニートホテル）

屋外の階段はより緩やかな傾斜で（米国）

座れる階段は世界中どこでも大人気（英国）

長い階段には必ず途中に踊場を設ける（スペイン）

連続するスロープと高さの異なるベンチの融合（米国）

スロープと階段で高さの異なるベンチの融合（米国）

スロープと階段を最初から計画（日本）

踊場のない一直線の階段（現在の法律では不可）（日本）

スロープと階段の美しい併設（石川・鈴木大拙記念館）

後付けのスロープ（日本）

Lesson 8 | Landform & Levels | 事例紹介

067

8.2 階段とスロープ

屋外は滑りやすい

バリアフリー

バリアフリーというと高齢者や身体障害者のためのものだと考える方もいますが、乳母車や車輪つきのスーツケースもあります。若く健康に自信のある方も、いつ怪我をするか分かりません。公共施設や商業施設においてはバリアフリーへの**合理的配慮**が法律で義務付けられています。住宅においても万一の場合には対応できるように計画しておきましょう。(図8・6)

階段の寸法

屋外の階段は、避難用の非常階段を除き、室内の階段に比べて緩やかにするのが普通です。**蹴上**150mm**踏面**300mm程度を標準とし、敷地や用途に合わせて調整しましょう。階段の幅は、屋内と同様、利用者の人数や集中度に応じて決めます。屋外では踏面にも雨が溜まらないよう排水勾配をつけます。蹴上の高さが急に変わると危険なので、全段を均等にしましょう。(図8・7)

待機スペース

人々が行き交う**通路**からいきなり上がり下りし始めるような階段やスロープをつけてはいけません。階段やスロープの上がり下りの前後には、通過する人々とぶつからずに立ち止まれる**待機スペース**を設けましょう。屋外にエスカレーターやエレベーターを設ける場合も同様です。特にエレベーターの前には人が滞留できる十分なスペースをとります。(図8・8)

手すり・踊り場・経路

スロープには車椅子が脱輪しないように**立ち上がり**をつけます。長いスロープや階段では、途中に**踊り場**を設け、必要に応じて**手すり**もつけます。特にスロープの場合、休憩が必要なだけでなく、下りで加速すると危険なため、法令の最低基準以上に頻繁に踊り場を設けましょう。また一直線に転がり落ちることのないよう、経路を曲げたり折り返したりさせるとより安心です。(図8・9)

スロープの傾斜

建築基準法で述べられている1/8という傾斜は室内におけるギリギリの上限です。**バリアフリー法**に定められている1/12以下も**自走式車椅子**がなんとか上り下りできる傾斜で、屋外では1/15以下が望ましいとされています。緩やかなスロープは長い距離を必要とするため、退屈な遠回りをさせることで利用者に疎外感を与えてしまわないよう、上手に設計しましょう。(図8・10)

▶ **合理的配慮**
reasonable accomodation
障害者が他の者と平等な機会を得るための必要かつ適当な変更及び調整

▶ **蹴上**（けあげ）
riser
階段の一段の高さ

▶ **踏面**（ふみづら）
tread
階段の一段の奥行き

▶ **通路**
aisle, corridor, passage
室や座席の間にある、人々が通行する部分

▶ **待機スペース**
landing
踊り場の一種

▶ **立ち上がり**
wheel guard
橋などの端の少しだけ高くした部分で、5〜15cmほど立ち上げると車椅子の脱輪防止になる

▶ **踊り場**
landing
階段やスロープの途中で立ち止まれる水平な面

▶ **手すり**
railing
できるだけ両側につけるが、どうしても無理な場合は降りるときの利き手側を優先

▶ **バリアフリー法**
Barrier Free Act
高齢者、障害者などの移動などの円滑化の促進を定めた日本の法律

▶ **自走式車椅子**
self-propelled wheelchair
介助者に押してもらわずに自分で走らせる方式

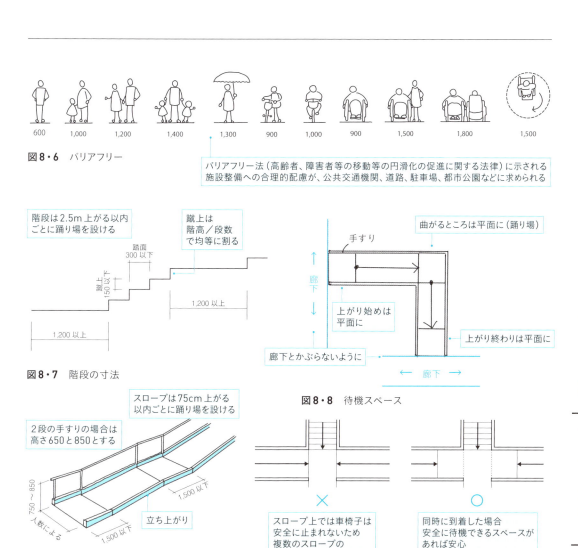

図8・6　バリアフリー

バリアフリー法（高齢者、障害者等の移動等の円滑化の促進に関する法律）に示される施設整備への合理的配慮が、公共交通機関、道路、駐車場、都市公園などに求められる

図8・7　階段の寸法

図8・8　待機スペース

図8・9　手すり・踊り場・経路

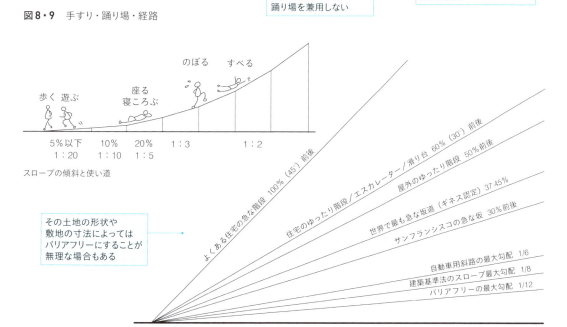

スロープの傾斜と使い道

図8・10　スロープの傾斜

Lesson 8　Landform & Levels　階段とスロープ

坂道の家

エスキス課題8

図のような急坂の敷地に9×9mの平屋の建物を計画しています。
道路から玄関までのアプローチを計画してください。

- 土足のまま入る施設で、床の天端の高さはGL＋100mmとする
- 車椅子利用者用の駐車場（3.5×5.0m以上）を1台分設置する
- 駐車場に車を入れるための歩道の切り下げをしてよいものとする
- 歩道から徒歩や車椅子などで入るためのアプローチも設ける
- ポイントごとに地盤または舗装表面（天端）の高さを明示する

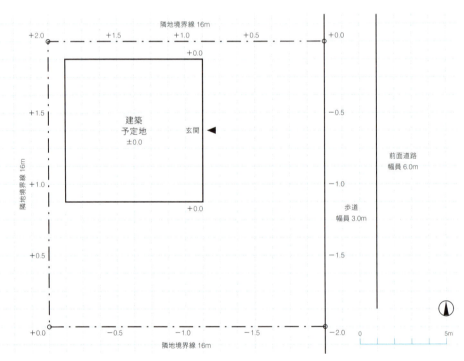

 A4判解答用紙は https://book.gakugei-pub.co.jp/gakugei-book/9784761529109/#appendix からダウンロード可

Discussion Tips　ディスカッション（p.63）のヒント

- A……… 縦断勾配は1/15以下にしたいので、それ以上の傾斜は段差で吸収
- B……… サンフランシスコの急な坂道には30°以上のところもある
- C……… 盛土の勾配は30°程度まで（各自治体に基準あり）、それ以上は擁壁で保護
- D……… 屋外の階段の蹴上は150mm以下、踏面300mm以上を推奨

体感的に45°くらいと感じるきつい傾斜でも、実際は30°以下です。屋外の階段は、靴を履いているために足裏の感覚がつかみにくいこと、大勢の人が上り下りして混み合う可能性、雨や雪で滑りやすくなる危険性も考え、屋内の階段よりも緩やかにしましょう。

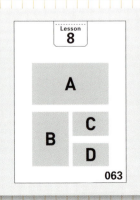

Lesson 9
機能を高める

 **Discussion** これらの樹木はどのような役割を果たしているでしょうか？

道のつきあたりにある一本のマツ（京都・桂離宮）

幾何学的に刈り込まれた低木（スペイン）

駐車場に規則的に並んだ高木（イタリア）

幾何学的に刈り込まれた高木と低木（スペイン）

枝を大きく広げた高木（UAE・ドバイ）

9.1 視線の調整

歴史的庭園はデザインの教科書

古典から学ぼう

建築には、日射や換気をコントロールし、風雨や外敵から中の人々を守るという機能があります。同様にランドスケープも、様々な目的や効果を計算してデザインしています。これらのデザインの手法や理論は、**古典**から学ぶのが早道です。芸術の訓練においてもそうですが、古典的手法は、歴史の審判を受けてその有効性が証明されているからです。（図9・1）

焦点と眺望

ルネサンス様式の都市計画や庭園デザインにおいては、**フォーカルポイント（焦点）**と**ビスタ（眺望）**とを意識したデザイン要素が発達しました。フォーカルポイントとしての塔や高木や噴水に向かって直線的な大通りをつくりその両側に左右対称に列植することでビスタが生まれます。視線や動線を分かりやすく誘導する手法で、空間に秩序をもたらします。（図9・2）

誘導と暗示

日本庭園においては、**飛び石**や**延べ段**など足元の舗装により、進む方向や立ち止まるべき位置、そして視線の向く方向が誘導され、どこを歩けばいいのかが直感的に分かるようにデザインされています。また店舗の入口にかける**暖簾**、日本庭園の**関守石**、英国の庭園における**ハハア**といった要素は、視覚を遮ることなく領域や立ち入りの可否を気付かせるデザインです。（図9・3）

見え隠れ

植物を用いて視線を遮りプライバシーを守ることはよく行いますが、日本庭園には、見せたり隠したりすることにより狭い敷地の中に風景の変化を創り出す手法があります。池の周りを歩き回る**池泉回遊式庭園**では、この見え隠れのおかげで、進む先々に異なる風景が楽しめます。**露地**においても、複数の仕切りによって茶室までの経路を長くし、狭い庭を広く感じさせます。（図9・4）

縁取り

窓によって外の風景を切り取り絵画のように見せるデザイン手法があります。特に日本家屋の**引戸**や**雪見障子**のような建具は、開口部の位置や大きさを自由自在に変化させ、庭などの風景の見せ方を任意にコントロールできます。屋外においても同様に、塀や生垣によって見せる範囲を選んだり、石や樹木で風景を縁取ったりすることが可能です。（図9・5）

▶ **古典**
classic
狭義にはギリシャ・ローマ時代の建築をさすが、ここでは近代以前のデザイン

▶ **フォーカルポイント（焦点）**
focal point
視線が集中する対象物

▶ **ビスタ（眺望）**
vista
直線上に見通せる景色

▶ **飛び石**
stepping stones
庭園や水上を渡り歩くため飛び飛びに配置された石

▶ **延べ段**
stona-paved path
自然石を敷きつめた通路

▶ **暖簾**
noren cartain
店舗の入口や建物内の境界にかける短い布

▶ **関守石（止め石）**
barrier stone
丸い石に黒いシュロ縄を十字にかけ、立入禁止を示す。

▶ **ハハア**
ha-ha
空堀と低い擁壁により視界を遮らずに領域を示す

▶ **池泉回遊式庭園**
strolling pond garden
池の周りを散策する庭

▶ **露地**
roji, tea ceremony garden
茶室に付属する庭

▶ **引戸**
sliding doors
左右に引いて開閉する戸

▶ **雪見障子**
snow-watching shoji
紙の部分を上下に動かして視界を調整できる障子

茶席に入る前に露地の蹲の水で手と口を清めて気持ちを整える。日本庭園の要素は実用的で合理的なデザインのお手本（石川・松涛庵）

石灯籠：火を入れると照明になる雨を防ぐため屋根がある

手燭石：夜に手行燈をおくための石

前石：足や着物の裾を濡らさずにしゃがむため手前に置く

手水鉢：水をためておく容器給水筒はオプション

湯桶石：水をくむ手桶を置くための石であるため上面が平たい

海または水門：泥ハネを防ぎつつ溢れた水を受け止める通常は砂利敷きで、草を植えることもある

図9・1　古典から学ぼう

「心字池」と呼ばれているが、実測図面や地図などを見ても、「心」の文字に見えない場合が多い。くずした文字の輪郭のイメージで凹凸があり、点を打ったような島があると考えればよい。池の周囲の凹凸のある園路を進む方向と視線の方向が変わり、植栽による目隠しと合わせて「見え隠れ」する風景が生まれる。

ルネサンス様式の手法であるフォーカルポイントとビスタに加え、バロック様式の逆遠近法で大聖堂を引き立てるサン・ピエトロ広場

図9・2　焦点と眺望

足を汚さないよう、庭土や苔を傷めないよう置かれた飛び石（京都・金福寺）

図9・3　誘導と暗示

輪郭に凹凸のある心字池と植栽とで景色が見え隠れする（京都・桂離宮）

図9・4　見え隠れ

枝を横に伸ばし空間を規定するマツ（京都・がんこ高瀬川二条苑）

図9・5　縁取り

日本家屋の開口部は引戸がほとんどなので、開け方次第で外の風景の大きさをいかようにも調整できる。火灯窓・花頭窓や円形の丸窓などが日本建築の特徴として挙げられることがあるが、実はそれらは中国由来のデザインである（→ p.89）。日本建築は原則として直線的なので、窓の外の風景は自然であるほうが調和する（新潟・清水園）

Lesson 9 Landscape Functions　視線の調整

073

Visuals

黒いシュロ縄を結んだ関守石は、言葉にせず「立入禁止」を表す（福井・養浩館）　　あられこぼし：昔の透水性舗装（京都・桂離宮）

飛び石や延べ段は、進む方向を示し、歩く人の足や地面の植物を保護しながら、目も楽しませる（京都・桂離宮）

中潜りは別世界への入口を表す　　　　樹木の足元を保護する敷き松葉　　　　竹を無駄なく利用する四つ目垣
（表千家・不審菴）　　　　　　　　　（奈良・依水園）　　　　　　　　　　（奈良・依水園）

074　Landscape Functions
Visuals

藤棚のつくる適度な日陰（新潟・北方文化博物館）

マロニエの枝がつくる屋根（フランス）

家の前にかけたシェード（ドバイ）

歩道にかけたシェード（スペイン）

池の水があると涼しく感じる（スペイン）

池は古くから様々な機能を果たしてきた
（京都・国立京都国際会館）

運河の水を堰き止めるのではなく受け入れることにより
潮の干満に応じて表情を変える半屋外のランドスケープ
16世紀築の宮殿のカルロ・スカルパによる改装
（イタリア・クエリーニ・スタンパリア財団）[5]

9.2 環境の調整

パッシブデザインのすすめ

室温の調節

屋上を緑化して日射による室温上昇を抑えるのもパッシブデザインの一種です。遮熱効果の他、土や人工土壌からの水分が蒸散する時に気化熱が奪われることによる冷却効果も期待されます。東西の開口部や壁面の前に落葉樹の高木を植えたり、「緑のカーテン」を作ったりすれば、夏は日射を遮って涼しく、冬は日差しを取り入れて暖かくできます。(図9・6)

水のもたらす効果

水は見た目や音で涼しく感じるだけでなく、蒸発する時に気化熱を奪い実際に気温を下げる効果があります。昔の貴族や武士の邸宅に併設された池には、この冷却効果の他、防火用水、生活用水、当時は池が川とつながっていたために水面の上昇で洪水を予見できるなどの機能もありました。魚釣りや曲水の宴といった水際での遊びが楽しめたことは言うまでもありません。(図9・7)

光の調節

植栽やシェードは直射日光を遮り過ごしやすい環境をつくります。木漏れ日のように、光を部分的に通して調整することもできます。逆に銀閣寺の名で知られる京都東山の慈照寺の庭では、白砂の山が月の光を反射し足利義政公の読書灯となったと伝えられています。その真偽はさておき、白い面が光を反射して周囲を明るくすることは間違いありません。(図9・8)

騒音と風の低減

植栽による騒音の低減は、測定値としては極めて小さく、あまり効果がないといわれています。しかし騒音源を見えなくすることや、葉のすれる音や水の流れる音によるマスキング効果をあわせて考えると、心理的な効果は期待できます。また複雑な形状の枝葉をもつ植物や、塀やそこに開けた穴によって、風の強さや向きを調整することもできます。(図9・9)

鳥や昆虫

食用の実をつける植物や止まり木のある樹木は野鳥を、蜜源となる花や産卵しやすい樹木は昆虫を呼び寄せることができます。小さな水辺にもトンボやカエルや野鳥が集まってくるかもしれません。こういった生き物を惹きつける環境をビオトープと呼び学校の校庭や自然公園などに設けている例もあります。逆に特定の動物の忌避効果を発揮する植物もあります。(図9・10)

▶ **パッシブデザイン**
passive design
電気や機械に頼ることなく、日照や通風といった自然のエネルギーを利用しまた調整する手法

▶ **曲水の宴**（きょくすい うたげ）
winding stream party
庭園の水の流れのふちに座り、盃が流れてくるまでに短歌を読み盃の酒を飲むという貴族の遊び

▶ **直射日光**
direct sunlight
直接地面に到達する太陽光

▶ **木漏れ日**
dappled sunlight
斑らに陰のある日照

▶ **騒音源**
source of noise
電車や自動車などの交通、子どもの遊ぶ声や音、無関係な話し声、音楽の演奏などが考えられる

▶ **マスキング効果**
masking effect
周波数の近い音が近くにあるともう一つの音が聴こえにくくなる現象

▶ **止まり木**
roost, perch
止まることのできる枝

▶ **ビオトープ**
biotop（独）
生物の生息空間を意味するが、日本では人工的に再現された小さな自然環境をさすことが多い

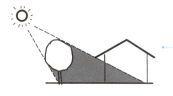

暑い夏は
建物の東西面に
高木やツル性の
植栽をすると
日射の抑制に
効果的である

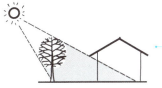

寒い冬の間は
少しでも室内に
日が当たるよう
落葉樹を選ぶと
夏も冬も
快適である

図9・6　室温の調節

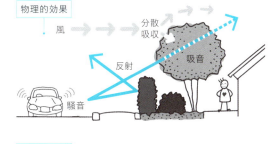

図9・7　水のもたらす効果　平安貴族の館の池と流れ[6]

図9・8　光の調節　　落葉樹で夏は日陰、冬は半日陰（米国）

白砂（京都・大徳寺龍源院）[7]

図9・9　騒音と風の低減

図9・10　鳥や昆虫　　鳥には止まる場所が必要

公園の中に設けられたビオトープ（広島）

Lesson 9　Landscape Functions　環境の調整

Esquisse エスキス課題9
集合住宅の共用庭

多世代が暮らす集合住宅に、
次の条件にしたがい共用庭を計画してください。

- 北棟と南棟の2棟ならなる
- 子どものいる家族、大学生、高齢者など、多様な住民が住む
- 車椅子利用者用駐車場を2台分以上設ける（一般車両用の駐車場は敷地外にある）
- 自転車置場を30台分以上設ける
- 1階の6戸をバリアフリー対応とするため1階のみ屋外廊下を増設済である
- 北棟南棟とも、1階も含め住戸の南面はバルコニーであり、北面が玄関側となる
- 子ども達のための遊び場を設ける、その他あればよいと思うものを設ける

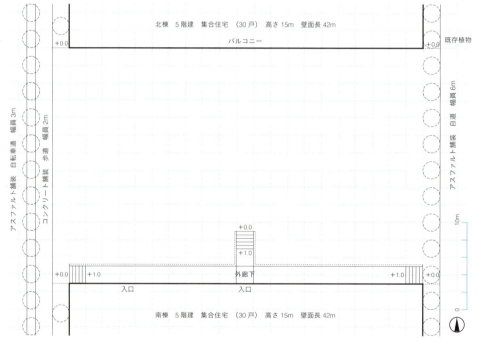

A4判解答用紙は https://book.gakugei-pub.co.jp/gakugei-book/9784761529109/#appendix からダウンロード可

Discussion Tips ディスカッション(p.71)のヒント

A ……… 正面の松によって向こう側に広がる池が見えないようにしている
B ……… 低木の刈り込みが地面に幾何学的な図形を描くために使われている
C ……… 高木は柱、低木は壁のように建築的空間を屋外に再現している
D ……… 並木が風と日射をコントロールしながら平面計画を視覚化している
E ……… 日射の強い地域では木陰の存在が欠かせない

植物は、完全に視界を遮蔽することなく、季節に応じ、あるいは剪定のしかたにより、視線や空気や光の通過量をほどよくコントロールすることができます。

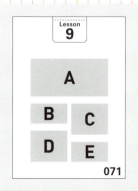

Lesson **10**

命をまもる

Discussion 低木や植え込みなどのないランドスケープデザインの長所は何でしょうか？

地域住民に開放された大学のキャンパス（札幌・北海道大学）

公共施設前の広場（イスラエル）

都市の中の記念公園（米国）

住宅地の公園（イタリア）

10.1 防犯と事故防止

ランドスケープデザインで毎日を安全に

デザインによる防犯

古建築では、床に**ウグイス張り**を用いて侵入者を防いだように、**防犯砂利**と呼ばれる、踏むと音の鳴る小石を家の周りに敷き詰めるお宅が増えています。フェンスにトゲのある樹木の生垣やツル性の植物を這わせることも侵入防止に有効です。防犯カメラなどのみに頼るのではなく、デザインによって犯罪を防止することを**CPTED**といいます。(図10・1)

「見える化」をすること

犯罪者が隠れやすい死角を作らないことが非常に重要です。日本の公園に多い中低木の植込みは、犯罪の多い国では滅多に使いません。住宅地全体を高い塀で囲むことで身を守ろうとする**ゲーテッド・コミュニティ**では、塀の外は人のいない危険な場所になってしまいます。防犯とプライバシー保護のかねあいは、いつも難しい問題です。(図10・2)

公衆トイレ問題

従来の公衆トイレは男女の入口を離して作るのが常識でしたが、昨今では**LGBT**などの多様性に配慮した**誰でもトイレ**が世界的に増えています。しかし性自認の真偽が外見から分からない、入口が同じために、性犯罪者が入りやすいといった問題も指摘されています。入口の見通しが良すぎると、トイレに入るところを見られて恥ずかしいという声もあり、難しい問題です。(図10・3)

避難路の確保

多くの人々が利用する集合住宅や商業建築、公共建築においては、建物の出入口から道路または公園など安全な場所まで出られる避難路の幅は**有効幅**150cm以上で、二方向避難(→p.20)できる通路を設けることが建築基準法で定められています。住宅などにおいても、特に市街地においては火災や強盗などの犯罪に備え、なるべく二方向避難路を設けておきたいものです。(図10・4)

歩車分離

歩車分離(→p.20)は法令で義務化はされてはいませんが、運転席から見えにくい子どもや車椅子利用者の安全を確保するためにも、可能な限り実現していきましょう。公共建築物の**設計ガイドライン**などでいわれる「敷地の入口や駐車場から施設の入口まで安全に通行できる歩行者用通路」とは、自動車用通路を横断する必要のない通路であると解釈しましょう。(図10・5)

▶ **ウグイス張り**
nightingale floor
京都の二条城が有名だが戦国時代にはよくあった

▶ **防犯砂利**
security gravel
ホームセンターなどで一般向けに販売されている

▶ **CPTED**
Crime Prevention Through Environmental Design
環境デザインによる犯罪防止を示す設計ガイドライン、またそれを啓蒙している国際団体

▶ **ゲーテッド・コミュニティ**
gated community
入居者を選別し外からの出入りを厳しく監視しコントロールする高級住宅地。日本には少ない

▶ **LGBT**
*Lesbian、Gay、Bisexual、Transsexial*など、一般の性別に依らない人々の総称

▶ **誰でもトイレ**
all gender toilet
性別で分けず誰でも使ってよいトイレ

▶ **有効幅**
clearnace
壁と壁の内側を測った寸法、実際に通れる部分

▶ **設計ガイドライン**
design guideline
省庁や自治体が定めた設計の指標で、ウェブサイトなどから無料で手に入る

国際CPTED協会（ICA）による設計ガイドラインでは、第1世代に犯罪を思いとどまらせる具体的デザイン、第2世代においては犯罪の起こりにくい地域社会にも触れている

図10・1　デザインによる防犯

適度に中の気配が感じられる
安全性に配慮した公衆トイレ

図10・3　公衆トイレ問題

有効幅

図10・4　避難路の確保

車椅子利用者用駐車場は
歩道に面して設ける

図10・5　歩車分離

ゲーテッドコミュニティ
鍵を持つ住民だけが
中に入ることができる[8]

図10・2　「見える化」をすること

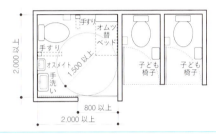

多機能トイレは内寸で2,000×2,000mm以上を確保する
車椅子対応なら直径1,500mm以上の円が入る空間が必要
個室便所は家庭用とは逆で内開きドア、または通路で順番を
待っている人々の邪魔にならない形式のドアとする
バリアフリートイレの手すりは必ず左右両方につける

ラドバーン住宅地
Radburn, NJ, USA[9]

米国のラドバーン地区で1920年代に導入された試みで、車道を袋小路（クルドサック）にして自動車だけが通ることとし、歩行者は庭（バックヤード）をむすぶ歩行者専用通路で移動できるよう計画された。しかしその後、バックヤードの前を人が往来することを好まない人もいたため車道に歩道が併設されるようになり、丸く広くつくられたクルドサックは意図に反して子ども達の遊び場になってしまっている。歩車分離がうまく機能している事例としては、カリフォルニア州のビレッジホームズがある。（→p.101）

Lesson 10　Safety & Security　防犯と事故防止

生垣で閉じられた長い園路は外から見えないので危険となりうる（イタリア）

整形庭園を楽しみつつ視界も開ける低い刈込み（チェコ）

桟は足をかけて上ると危ないので水平にしない（イタリア）

プライバシーを守りつつ見通しもよくすることが課題となる公衆トイレ（東京）

浅い水なら柵がなくとも溺れるような危険はない（京都）　　溺れる心配の少ない浅く小さな水路（イスラエル）

イチョウは関東大震災での経験から防火樹として全国に多数植えられたが、落葉した冬には効果が半減する（東京、京都）

防風林または屋敷林（福島）

炊き出し用のピットを組み込んだ公園のベンチ（大阪）

津波に備えて1m高くした防波堤（福島）※土木工事

津波から逃れるための避難台（和歌山）※建築工事

10.2 防災

ランドスケープデザインで被害を小さく

防風林

植物の防風効果は絶大です。壁などのように風を完全に遮るのではなく、葉や枝、幹という細かく動く複雑な構造で風力を吸収し、効果的に風を受け流せるからです。田園地帯で民家の周りに屋敷林と呼ばれる常緑樹の列植や雑木林があるのは、他に障害物のない場所で直撃してくる風から家を守る昔ながらの**防風林**です。(図10・6)

防火林

樹皮が厚く水分の多い樹種には延焼を食い止める効果が期待されます。クロガネモチ、サザンカ、サンゴジュ、シャリンバイ、シラカシなどの**耐火樹**が住宅の生垣や庭木としてよく用いられてきたことは決して偶然ではないでしょう。イチョウも耐火性の高い樹木ですが、落葉する冬は効果が半減してしまいます。油分を多く含むマツなどは防火林に向きません。(図10・7)

砂防林

シイ類やカシ類など根が深くしっかり張る樹木を植林して土砂崩れを防ぐことを**砂防**といいます。庭園や公園の小さな築山や池の周りなどは、芝生などのほふく根の地被植物で覆うことにより土の流出が防げます。大規模な造成でできた斜面を安定させるため、植物の種子を混ぜた基材を吹きつけることを**法面緑化**といいます。(図10・8)

防災施設

公共施設や公園を利用して災害時に備える動きが進んでいます。もともとある給水施設やトイレに加え、給排水管が壊れた場合でも使える**仮設トイレ**、井戸、炊き出しに使えるバーベキューピット、テントが設置できる広場、**雨水タンク**、食料や各種機材・資材などを保管する**備蓄倉庫**などを用意しておけば、緊急の場合に役立てる可能性があります。(図10・9)

緊急車両

普段は車が入らないような敷地においても、火災時に消防のハシゴ車やポンプ車など大型の**緊急車両**が通ることができる3m以上の通路を確保しておきます。必要な時だけ進入路が確保できるよう、取り外しできるボラード(車止め)をつけておくと良いでしょう。救急車が入り、**ストレッチャー**を取り回せる空間も必要になるかもしれません。(図10・10)

▶ **防風林**
windbreak
水田が広がる田園地帯に島のように点在する木立が、住宅や田畑や神社などを風から守っている

▶ **耐火樹**
fire resistant tree
水分を多く含み燃えにくい樹種で、延焼の速度を抑えることができる

▶ **砂防**
erosion control
砂の飛散による災害を防ぐ防砂とは異なります。

▶ **法面緑化**
slop greening
造園業とは別に緑化業が存在する

▶ **仮設トイレ**
portable toilet
強化プラスチック製の組立式、汲取の要らないバイオトイレが普及しつつある

▶ **雨水タンク**
rainwater tank
非常用に備えるだけでなく、日常のトイレ洗浄や植物への散水にも有用

▶ **備蓄倉庫**
emergency relief supplies storage
発電機、毛布、防水シート、飲料水、保存用食料、他

▶ **緊急車両**
emergency vehicle
標準的はしご車で中型バス程度、救急車で大型バン程度の車体寸法

▶ **ストレッチャー**
stretcher
600×2,000mm程度の担架に車輪がついたものを数名の隊員で運ぶ

常緑：アスナロ　カヤ　カシ類　マテバシイなど
落葉：クリ　ナラ　ケヤキ　カシワなど

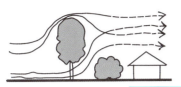 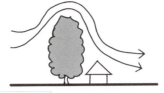 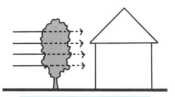

図 10・6　防風林　｜　植栽の配置で風をよける　｜　葉の揺れで風力を吸収し弱める

針葉樹：イチイ　イヌマキ　コウヤマキなど
常緑樹：イヌツゲ　サンゴジュ　カシ類　スダジイ　タラヨウ
　　　　ツバキ類　モチノキなど
落葉樹：イチョウ　エンジュ　カシワ　トウカエデ　ミズキなど

水分が多く
油分の少ない
常緑樹が望ましい

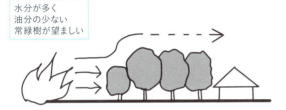

図 10・7　防火林

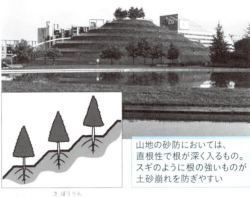

山地の砂防においては、直根性で根が深く入るもの。スギのように根の強いものが土砂崩れを防ぎやすい

図 10・8　砂防林(さぼうりん)

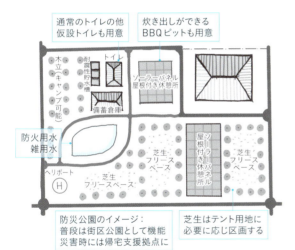

通常のトイレの他 仮設トイレも用意
炊き出しができる BBQピットも用意
防火用水 雑用水
防災公園のイメージ：普段は街区公園として機能 災害時には帰宅支援拠点に
芝生はテント用地に必要に応じ区画する

図 10・9　防災施設

地域防災計画による「防災公園」の要件[10]

拠点機能	広域防災拠点	おおむね 50ha 以上
	地域防災拠点	おおむね 10ha 以上
避難地機能	広域避難地	10ha 以上
	一次避難地	2ha 以上
避難路	緑道	幅員 10m 以上
帰宅支援場所	街区公園等	500m^2 以上

災害応急対策施設：
備蓄倉庫、耐震性貯水槽、放送施設、情報通信施設、ヘリポート、係留施設、発電施設、防火散水施設

出動する消防車（パリ）

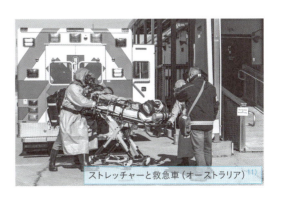

ストレッチャーと救急車（オーストラリア）[11]

図 10・10　緊急車両

駐車場

下記の施設に駐車場及び通路を計画し、舗装も指示してください。

- 車椅子使用者用兼送迎車用駐車場（3.5×5.0m以上）4台分
- 普通自動車用駐車場（2.5×5.0m以上）6台分
- 既存樹木は地域の御神木なので大切に維持する
- 乗客を雨に濡らさずに送迎できる車寄せを設ける
- 自動車と歩行者の動線は交錯しないようにする（歩車分離）
- 管理者及び職員用の駐車場はこの図面の範囲外にあるので考慮しなくてよい

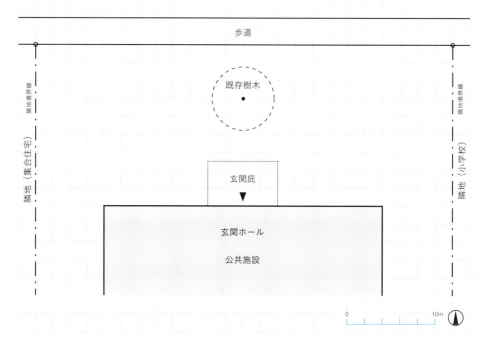

 A4判解答用紙は https://book.gakugei-pub.co.jp/gakugei-book/9784761529109/#appendix からダウンロード可

Discussion Tips ディスカッション（p.79）のヒント

A……… 市民に解放された大学のキャンパスは、見通しもよくのびのびと過ごせる
B……… もし落ちても大事故にはならない程度の水路。ただし投石の可能性に注意
C……… どこにも隠れるところが無く安全。ただし植物の根本を踏む可能性に注意
D……… シンプルな緑の芝生に紅葉や黄葉が映える。こちらも見通しよく安全

公共の場所では、安全管理の観点から、隅々まで見通しよくつくることが重要です。
砂利を置く場合は投石されても事故にならないよう、細かいものを推奨します。

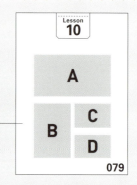

Lesson 11
歴史からまなぶ

Discussion これらの「日本庭園」風デザインは、どのように現代化されているでしょうか？

日本庭園の定番モチーフ「鶴」（米国）

日本庭園への入り口を示す「鳥居」（カナダ）

住宅地の歩行者通路に設置された「待合」（日本）

ずらっと並んだ「鹿おどし」（ベルギー）

地中海性気候の明るい土地につくられた「枯山水」

11.1 伝統的庭園

デザインの背景を知ろう

日本庭園

中に入る庭と建物から眺める庭があります。平安時代には、貴族の遊興が行われた**寝殿式庭園**や、極楽浄土を表す**浄土式庭園**が造られました。武士の時代になると、**書院庭園**や風景を抽象化した**枯山水**が発達すると同時に、茶席の露地も登場します。江戸時代にはこれらを総合した池泉回遊式の大名庭園や公家の庭園が造られ、明治を経て現代へと続きます。(図11・1)

中国式庭園

日本庭園の原型となった庭園様式ですが、日本庭園が自然の風景を表そうとしたのに対し、中国庭園では現実とは異なる理想郷を表現したため、幾何学的な池を用いること、**奇岩**を尊ぶことなど、日本庭園にはない特徴があります。園林は池・石・木・橋・亭の園林五要素を必ず備え、**九曲橋**は魔除けになり、**円月橋**は満月を表すといった意味をもちます。(図11・2)

ヨーロッパ整形式庭園

古代ヨーロッパから続く幾何学的な造形理論にもとづく庭園で、フランス式ではパリ郊外のヴェルサイユ宮殿、イタリア式ではローマ郊外のエステ荘などが代表的です。**軸**、焦点(→ p.72)、**対称形**といったデザイン要素を用い、幾何学図形を際立たせる常緑の植物を多く用います。噴水が多用され、イタリア式庭園では高低差を活かした滝や流れも見られます。(図11・3)

イスラム式庭園

地中海沿岸や中東など降雨量が少なく暑さが厳しい地域にあることが多いため、中庭であることと、少量の水を巧みに活かした噴水のデザインに特徴があります。水を使うことは、涼をとるだけでなく、清潔を尊ぶイスラム教とも関係があるのかもしれません。スペインのアルハンブラ宮殿などが代表的です。幾何学図形を繰り返す**アラベスク**模様も随所に見られます。(図11・4)

イギリス自然風景式庭園

18世紀の英国で発展し19世紀に世界的に流行した様式です。日本庭園同様に自然の形を模して作られますが、日本庭園が自然の風景を縮小し抽象化したのに対し、英国の自然風景式庭園は、実物大で、自然の風景を絵のような理想的な形に整えました。王族や貴族の邸宅、別荘に併設されるレクリエーションの場として発達し、後にアメリカの公園の原型となりました。(図11・5)

▶ **寝殿式庭園**
nobles' play garden
住宅の庭という意味だが、来客を招いての遊興や宴会にも対応している

▶ **浄土式庭園**
paradise garden
海を表す池をはさみ仏殿を望む形式で、平等院鳳凰堂、浄瑠璃寺、毛越寺など

▶ **書院庭園**
samurai's study garden
武士の書斎である書院に付属する庭で、室内に座って眺める座観式が中心

▶ **枯山水**
dry landscape garden
極小の白い小砂利を用いて水を表現するなど、抽象的に風景を表した庭

▶ **奇岩**
deformed rock
湖水による侵食で穴があき不思議な形になった石

▶ **九曲橋**
zig-zag bridge
ジグザグの形状をした橋で魔除けの意味がある

▶ **円月橋**
moon bridge
石造で下が半円形に開いた橋で、水面に映り円となる

▶ **軸**
axis
計画の中心となる直線

▶ **対称形**
symmetry
左右または全方向に同じ形を配置した形

▶ **アラベスク**
arabesque
「アラビア風の」意味で、図案化した植物や幾何学図形が繰り返し連続する模様

図11・1　日本庭園

▶ **日本庭園**
Japanese garden
信仰のため、貴族のため、武士のため、茶会のため、その他さまざまな背景と目的よりデザインが異なる。非対称の形、自然に見えるように仕立てた植物、奇数個の要素、原則として自然のまま加工しない石、材料をリサイクルして使うことなどが特徴（左：京都・京都仙洞御所　右：京都・東福寺）

図11・2　中国式庭園

▶ **中国式庭園**
Chinese garden
中国における庭園は3世紀初頭から発達しており、時代により地域により多様である。自然に見える形状の池を中心に神仙思想を表現するという点において、日本庭園の原型となっている

図11・3　ヨーロッパ整形式庭園

▶ **ヨーロッパ整形式庭園**
European formal garden
14世紀頃から発達し階段を多様するイタリア式庭園（左）と、17世紀末に始まった平面幾何学式ともよばれるフランス式庭園（右）がある。いずれも剪定され整形された刈込みを中心に、毛氈花壇、幾何学的形状の池、噴水、並木道、彫像、パビリオン（離れ）、ボスケ（森）などを備える

図11・4　イスラム式庭園

▶ **イスラム式庭園**
Islamic garden
砂漠の中に水を引いてオアシスあるいはパラダイス（楽園）をイメージして作る庭園が多い。コーランの教えに従い家庭菜園を併設することもある。舗装や建築に装飾タイルを多く用い、幾何学模様とアラビア書道の文字で装飾する。中庭形式のものが多く、四分割のデザインを好む

図11・5　イギリス自然風景式庭園

▶ **イギリス自然風景式庭園**
English landscape garden
幾何学的な庭園への反動として18世紀に登場した、自然の野や森のような庭園。敷地が広大なため、中を馬で走り回ったりする。なお日本でいう園芸的な「イングリッシュガーデン」は、このあと19世紀に登場するコテージガーデン（cottage garden）のこと

Lesson 11　The Old Wisdom　伝統的庭園

力強い名石の数々を誇る醍醐寺三宝院の庭園（京都）

穏やかな雰囲気の水際をもつ京都仙洞御所の庭園（京都）

季節や時間により姿を変える比叡山の借景を望み、石を島に見立てる禅寺の枯山水（京都・圓通寺方丈庭園）

茶席の前に心を整えるための露地
（京都・大徳寺黄梅院）

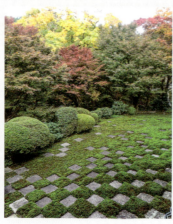
モダンなデザインの苔と石の庭
（京都・東福寺本坊）

砂紋は自由に変えてよい
（米国・ポートランド日本庭園）

整形式庭園のようなデザインの公共の階段（スペイン）

菜園から自然風景式庭園を望む（英国・チャッツワース邸）

「亭」（中央）は休憩所であり展望所でもある（中国・瞻園）

円形の開口部はもともと中国由来のデザイン（中国・瞻園）

アラビアの王宮であるアルカサルの庭（スペイン）

少量の水を最大限に楽しむヘネラリフェの庭（スペイン）

アルハンブラ宮殿の中庭（スペイン）

Lesson 11 | The Old Wisdom | 事例紹介

091

11.2 日本庭園の要素

デザインの意味を知ろう

見られる方向

廻遊式つまり中を歩き回るための庭園では、様々な方向から眺められることを意識してデザインします。一方、禅寺の**方丈庭園**や武家屋敷の書院の庭など室内から眺めることが前提となる庭園は、特定の方向からの見え方を重視します。**盆栽**や盆景といったミニチュア庭園は、本来は床の間などに飾るものなので、正面を決めてつくります。（図11・6）

庭園要素の意味

意味を考えずに形だけ真似をするとおかしなことになります。たとえば日本の鳥居は、神道にもとづく聖域の入口という意味があります。庭園の門、垣、水そして橋は、その向こうに別世界があるという**結界**を表しています。また屈曲した飛石や橋には、デザイン的美しさだけでなく、歩くべき場所を示す、進む方向にある景色を変化させるという意図もあります。（図11・7）

風景画として、舞台として

実用的な目的のない橋、田んぼ、雪隠（トイレ）、掃除用具などが飾られていることがあり、立体的な風景画として日常生活の物語を描いています。また珍しい石や外来植物を展示したり、お金のかかるイベントを開催したりすることで権力や財力や趣味の良さを誇示する習慣は世界共通で、庭はそのための舞台としても使われてきました。（図11・8）

抽象化されたストーリー

枯山水の庭園においては、石を山の斜面の形に組むことで、まるでそこに水が流れているように見せました。また**平庭**においては川の流れや海の波といったものを、水を使わず**白砂**の**砂紋**で表現しました。**蓬莱山**や鶴や亀を表す**石組**も、**舟形石**も**鯉石**も、昔の人は自然の石からその姿や物語を想像して楽しみ、また精神修養に役立てていました。（図11・9）

自然を際立たせる

建築の開口部によって風景を切り取るように、人工的なものを介在させて自然を際立たせるというデザイン技法は古くから行われています。石や砂などの**ハードスケープ**があることによって緑の存在が強く意識されます。また冬の間、積雪の重みから枝を守る雪吊りや、寒さから植物を保護する藁ぼっちなどの冬支度も、季節を感じさせる景色となります。（図11・10）

▶ **方丈庭園**
Zen garden
禅寺の方丈の前の庭

▶ **盆栽**
bonsai
器の中で小さく育てた植物
日本庭園の要素ではない

▶ **結界**
border
別の世界への出入口

▶ **平庭**
Zen garden
ほぼ平らで白砂または苔と
石組だけで構成された庭

▶ **白砂**
white gravel
白い砂利、白川砂

▶ **砂紋**
samon, or raked marks
レイキで白砂につけた筋

▶ **蓬莱山**（ほうらいさん）
horai, legendary island
伝説に登場する仙人の住む
島で、鶴や亀と合わせて不
老長寿の象徴となる

▶ **石組**
rock arrangement
自然石を組み合わせて様々
なものを表現する

▶ **舟形石**
treasure boat rock
蓬莱山へ行く宝船を表す。出
船（往路）は空荷なので高く
据え、入船（復路）は宝を積ん
で重たい様子を表すために
低く据える

▶ **鯉石**
carp rock
鯉も努力して滝を登れば龍
になれるという登竜門の伝
説を表す石組

▶ **ハードスケープ**
hardscape
舗装や構造物など、植物と
土と水以外のもの

これらの他に、庭園内を徒歩や船で巡る廻遊式においては、複数の方向から見られることを意識してデザインされている。現代の庭は複数の方向から見られることがほとんどである。

図11・6 見られる方向　庭から建物を眺める（京都・平等院鳳凰堂）[14]　建物内から庭を眺める（新潟・北方文化博物館）[15]

石橋（京都仙洞御所）　八橋（後楽園）

茶席の庭である露地では、結界を通り抜けて進んでいく。そこで気持ちを整えながら茶席に呼ばれるのを待つための休憩所が待合である。また庭内では飛石や延段以外の地面を踏まないようにしたい。

図11・7 庭園要素の意味

茶室に向かう露地の待合（米国・ポートランド日本庭園）

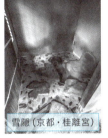 

雪隠（京都・桂離宮）　青竹とシュロの庭箒（奈良・依水園）　塵穴

本来は実用的なものが装飾を兼ねて扱われるのは、日本独特の習慣である。また竹などの変化しやすい材料をあえて用い、取り替えたばかりであることを示すのも、日本独特である。

図11・8 風景画として、舞台として

風景として眺めるための石橋（京都・二条城二の丸庭園）

長寿への憧れをこめた鶴亀と蓬莱山は、庭の定番アイテムである。自然の石を用いた抽象的な造形のため、異なる場合も多い。誰が見ても明らかな形にすると、庭の一部ではなく展示品になってしまう。

図11・9 抽象化されたストーリー　亀島（京都・醍醐寺三宝院）　鶴島（京都・醍醐寺三宝院）

石や砂と緑の配分がデザインの要である。雪吊りなどの冬支度は、実用的な目的とはいえ見た目もよく仕立てなければならない。実用品を美しくつくる日本の習慣は、明治維新後に来日した西洋人達を驚かせた。[16]

図11・10 自然を際立たせる　石が景色を引き締める（京都・醍醐寺三宝院）　景色のある冬支度（宮城・輪王寺）

Lesson 11 ｜ The Old Wisdom ｜ 日本庭園の要素

093

ポケットパーク

ある外国の日本大使館の隣の小さな空地にポケットパークを計画してください。

- 「日本的なデザイン」が必要だが、日本庭園の施工や管理ができる庭師はいない
- 職員、来訪者、近隣で働く人々、観光客が自由に利用できるものとする
- 現状では敷地はほぼ平坦であり、道路に向かって2％の水勾配がある
- 全面道路には歩道と街路樹（ハナミズキ）がある
- 南・北・西側の建物は隣地境界線に接して建っている
- この敷地に面した隣地建物の壁面に開口部はない（解体されたビルの跡地のため）
- 表面の仕上げ材料が分かるように指示すること

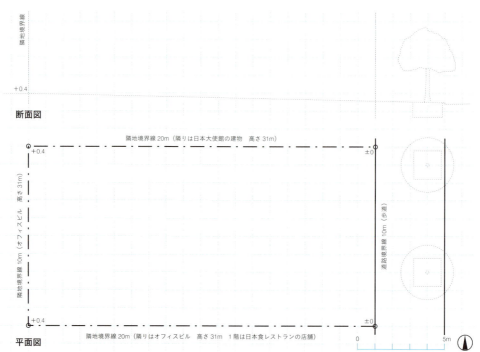

 A4判解答用紙は https://book.gakugei-pub.co.jp/gakugei-book/9784761529109/#appendix からダウンロード可

Discussion Tips　ディスカッション（p.87）のヒント

- A……… 海外の方や若い人達にも分かりやすいよう、具象的な鶴の彫刻を置いた
- B……… 鳥居の向こうに日本庭園が待っていることをわかりやすく表した
- C……… 公共の場所なので、飛び石以外の部分も全て舗装してある
- D……… 鹿おどしは本来は1本だが、より賑やかさが求められる場所もある
- E……… 日差しの強い地域での白砂は、照り返しがきついのでほどほどに用いたい

伝統的な要素は、時代のニーズや異なる環境に合わせていくことが必要です。その中で、どこまで伝統文化を守るべきなのかという線引きは、大変難しいものです。

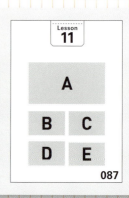

Lesson **12**

近現代を生きる

 **Discussion** 昔の庭園と現代の公園の設計上の具体的な違いは何でしょうか？

都市の中の大緑地にスポーツ用のフィールドも提供（米国・ニューヨーク市のセントラルパーク、以下同）

公園でピクニック（同上）

犬の散歩、ウォーキング、自転車、自動車が交差する（同上）

公園でランニング（同上）

12.1 皆のためのデザイン

庭園から何が変わったのか

公園の誕生

19世紀になると、産業革命後の工業化により都市部の環境悪化が進み、都市の中に公園が求められるようになりました。英国では王侯貴族の広大な庭園が市民に開放されて公園となり、フランスではパリの都市計画の一環として公園が計画的に配置されました。米国において環境保護のために**国立公園**が制定され、人間が自然を楽しむための公園づくりへと進化します。(図12・1)

都市の中の公園

アメリカのニューヨークでは市民からの要望で**セントラルパーク**が作られました。イギリス風景式庭園を応用したデザインでしたが、都市の一部として建築物、公園内外の交通、上下水道、照明、屋外家具、遊具などの様々な要素を調整する必要が生じます。そこで造園家と都市計画家と建築家の要素を合わせもつランドスケープアーキテクトが誕生しました。(図12・2)

日本の造園のはじまり

公園の概念は明治維新の日本にも持ち込まれ、まずは1873年に寺社境内を公園として開放した上野の**恩賜公園**と芝公園が誕生しました。やがて都市計画の一環として新規の公園が計画され、1903年に**洋風公園**の第一号として日比谷公園が開園しました。近代社会になり設計と施工が分離したことから、それまでの日本庭園にはなかった幾何学的な園路が登場します。(図12・3)

作品化するランドスケープデザイン

20世紀に入ると、アールデコ、キュビズム、モダニズム、ミニマリズムといった建築や芸術の流れに呼応し、より作家的なデザイナーが登場します。そして「モダニスト」と呼ばれる植物をほとんど使わない建築的あるいは芸術的なランドスケープが注目を集め、ガレット・エクボ(Garrett Eckbo)やダン・カイリー(Dan Kiley)といった人々が活躍します。(図12・4)

環境意識の高まり

1960年代には公害や環境汚染が社会問題化し、世界各地で環境保護運動が起こります。そして環境アセスメントや**ミティゲーション**といった、**生態系**に配慮した環境計画の仕事の比率が高まりました。植栽には**在来植物**を利用し、灌漑における散水量や農薬の使用を抑えるなど、**持続性**や**環境正義**に配慮することが当然のことと考えられるようになりました。(図12・5)

▶ **国立公園**
national park
1872年に米国のイエローストーン国立公園に始まり、現在では世界各国に多数、日本にも34箇所ある

▶ **セントラルパーク**
Central Park
市街地の中心的存在となる公園で、世界各地にある

▶ **恩賜公園(庭園)**
Imperial gift park/garden
皇室の御料地であったところが下賜され公園となった。

▶ **洋風公園**
Western-style park
大名庭園など日本庭園を一般公開した公園に対し、欧米に倣い新設したもの

▶ **ミティゲーション**
mitigation
開発による生態系への侵蝕や破壊を最小限にとどめ、また代償を提供する手法

▶ **生態系**
ecology
様々な生物群と周辺環境とが相互に関係しながら循環するシステム

▶ **在来植物**
native plants
その土地に自生し進化してきた植物、自生種

▶ **持続性**
sustainability
資源を使い尽くすのではなく、循環再生させられる程度。環境または計画がどのくらい無理なく長期的に維持管理していかれるか

▶ **環境正義**
environmental justice
全ての人々の安全で健康的な環境を優先し、環境リスクに関しては利益に応じた公平な負担を求めること

図12・1 公園の誕生 　オスマン知事による
パリの都市計画（1878年）[17]

環境保護運動家ジョン・ミューア（John Muir、右）
セオドア・ルーズベルト大統領（T. Roosevelt、左）
ヨセミテの森で1週間キャンプ生活を共にしながら
国立公園のありかたについて議論し方針を定めた[18]

図12・2 都市の中の公園 　米国ニューヨークのセントラル・パークは、世界初のランドスケープ・アーキテクトである
F.L. オルムステッド（Frederick Law Olmsted）が建築家ヴォークスとともに設計した[19]

大名庭園の名残で
小石川後楽園は
フリーハンド的[20]

 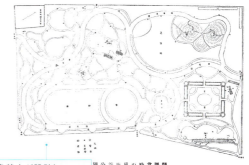

本多静六が設計し
日本初の洋風公園となる
日比谷公園（1903年）[21]

図12・3 日本の造園のはじまり

ピーター・ウォーカーが設計したJR丸亀駅前広場（香川）

全世界的な環境保護運動のきっかけとなった
生物学者レイチェル・カーソンの著書『沈黙の春』[22]

図12・4 作品化するランドスケープデザイン 　　　　図12・5 環境意識の高まり

Lesson 12 Modern Landscapes ｜ 皆のためのデザイン

097

貴族の庭のような緑と憩いの空間を全ての都市住民に提供（米国・セントラルパーク）

自然の中にもバリアフリーで入っていける（米国・ヨセミテ国立公園）

建築的なランドスケープデザイン、都市部のポケットパーク

ケラー・ファウンテン（米国・オレゴン州ポートランド）

都市部の街路樹（ドイツ）

郊外の街路樹（米国）

大地に彫刻をしたアートとしてのランドスケープ、建築物も彫刻のように配置（札幌・モエレ沼公園）

地域の自然植生を回復するミティゲーション（米国）

環境意識を高める屋上庭園（スペイン・バルセロナ自然博物館）

雨水を利用し生態系を楽しむ公園（米国）

調整池にもなる道端のレインガーデン（米国）

Lesson 12 Modern Landscapes 事例紹介

12.2 動きのデザイン

スピードに対応しよう

歩車分離のはじまり

古代から都市計画はグリッド（碁盤の目）状が一般的でしたが、自動車の登場により街路は多様化し、現在は車両のスムーズな走行と歩行者の安全の両立が求められています。20世紀半ばには住宅街の通り抜けを抑制し自動車のスピードを落とさせる袋小路状の**クルドサック**や歩車分離の計画が登場しました。歩道や緑道の設計はランドスケープデザインの仕事です。（図12・6）

自転車道とランニングコース

法律上は自転車も車道を走るのが原則ですが、日本では歩道を走る習慣が根強くあります。そこで自転車と歩行者との接触事故を防ぐため、歩道の一部に線引きや色分けをして自転車に割り当てています。**立体的な区切り**をつけたり舗装を変えたりすれば、より安全性が高まるでしょう。ランニングもスピードが出るので、歩道とは別のコースを設けることが望ましいです。（図12・7）

動くスピードに応じたデザイン

市街地での自動車の速度を20〜60km程度とすると、**沿道の風景**はだいたい1秒間に10m程度見えることになります。徒歩の場合は1秒間に1m強の範囲をじっくり見るので、歩道の方が変化に富む緻密なデザインが必要です。たとえば同じ植物の植込みが10m続いたら、自動車や自転車にはちょうど良いかもしれませんが、歩行者には単調に感じられるでしょう。（図12・8）

歩道も生活空間に

幅員に余裕がある場合はベンチなどを置いて滞留できる場所をつくるとより豊かな空間になるでしょう。日本でもカフェなどの**屋外席**を見かけるようになりました。歩道でより豊かな時間が過ごせるよう、歩道の幅員を広げる道路のリノベーションも各地で見られます。ベンチや自転車ラックを特注デザインにすれば、地域のイメージアップを図る機会にもなります。（図12・9）

街路樹を植える心得

車道に沿った**街路樹**は6〜8m程度、大木に育られる場所では10〜12m程度の間隔で、均等かつ規則的に植栽します。歩道では根囲い保護材や地被植物で足元を保護します。単幹の樹木を用い、枝下のクリアランスは十分に確保し車両の通行や歩行を妨げないようにします。また街灯や信号機を遮らないよう、電線などと接触しないように管理しましょう。（図12・10）

▶ **クルドサック**
cul-de-sac
歩車分離を目的とした袋小路だが、先端の転回用の丸いスペースがむしろ子どもたちの遊び場になってしまっている場合が多い。クルドサックはフランス語で「袋の底」の意味

▶ **立体的な区切り**
raised border
植え込み(hedge)、フェンス(fence)、縁石(curb)、凹凸のある舗装(rough surface)など

▶ **沿道の風景**
streetscape
まちなみ、街路樹など、道を移動している間に見えてくる風景

▶ **屋外席**
outdoor seating
歩道の一部を店舗に貸し出し、屋外に客席を配置する。新型コロナ対策をきっかけに増えた

▶ **街路樹**
street trees
沿道に植えられる高木。歩道では十分な植樹スペースを取れない場合が多いので、樹種の選定に注意したい。植え方についてはLesson4を参照のこと

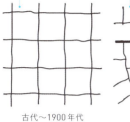
紀元前7世紀頃から世界共通の都市計画。最も明快で測量も容易。複雑な地形には不向き。出会い頭事故率高め

自動車の普及とともに走りやすい曲線の道や環状の道路が登場。通過交通を抑制のためクルドサックが登場

クルドサック（袋小路）。住宅地の標準となるラドバーン方式という歩車分離の手法が登場。米国や英国に広まる

古代〜1900年代　　　1930〜1950年代　　　1950年代〜

図12・6 歩車分離のはじまり

ラドバーン方式の歩車分離が守られず、本来自動車専用だったはずのクルドサックが子どもの遊び場になっていく中、米国カリフォルニア州デービスのビレッジホームズ（Village Homes）では、住宅のバックヤードからつながる歩道が機能している

色分けだけでは守られない

本来は自転車は車道を走るべきもの

図12・7 自転車道とランニングコース　　　　　　　　　　　ローラースケートと自転車　　　ランニング専用コース

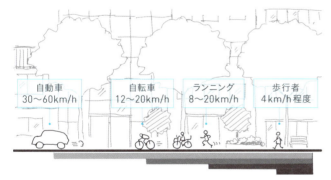

自動車 30〜60km/h　自転車 12〜20km/h　ランニング 8〜20km/h　歩行者 4km/h程度

図12・8 動くスピードに応じたデザイン

屋外座席の事例

図12・9 歩道も生活空間に

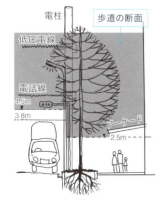

図12・10 街路樹を植える心得

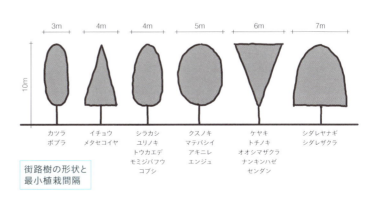

街路樹の形状と最小植栽間隔

3m	4m	4m	5m	6m	7m
カツラ ポプラ	イチョウ メタセコイヤ	シラカシ ユリノキ トウカエデ モミジバフウ	クスノキ マテバシイ アキニレ エンジュ	ケヤキ トチノキ オオシマザクラ ナンキンハゼ センダン	シダレヤナギ シダレザクラ

Lesson 12 Modern Landscapes 動きのデザイン

歩道と街路樹

鉄道駅から観光地へ向かう幅員の広い歩道を計画してください。

- 歩道部分に自転車道と滞留スペース及び植栽を配置する（順番は任意）
- 断面図はGLの下部は1,000mm程度まで、上部は4,000mm程度までを描けばよい
- 植栽をする場合は植えマスの断面も描く
- 街路樹の大きさ（H・C）とシルエットを表現する
- 平面図と断面図は対応する代表的な部分を描く
- 店舗の1階はガラス張りでウィンドウショッピングもできるものとする

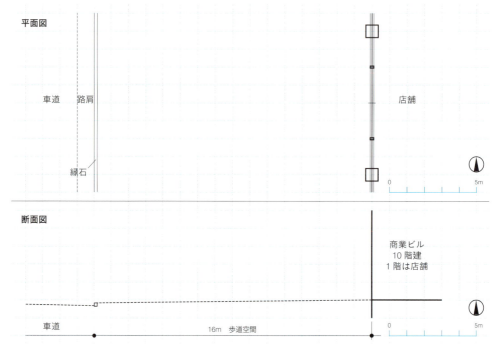

A4判解答用紙は https://book.gakugei-pub.co.jp/gakugei-book/9784761529109/#appendix からダウンロード可

Discussion Tips　ディスカッション（p.95）のヒント

- A ……… 不特定多数の人々が多目的に使えることが必要
- B ……… 都会の中でも自然に触れられる空間を提供する
- C ……… スピードの異なる乗り物の通り道を適切に分離する
- D ……… 人の集まりや各種イベントにも対応する

庭園には特定のオーナーやユーザーがいますが、現代の公園は公共財であり不特定多数のユーザーが様々な交通手段で訪れます。そのため入退園を適切にコントロールし、歩行者・自転車・自動車といった交通手段を安全に振り分ける仕組みが必要です。

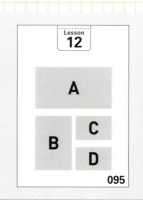

Lesson 13

つながりをつくる

Discussion 人が集まるための場所をつくる際の留意点は何でしょうか？

都市の大公園でくつろぐ人々（米国）

江戸時代の宿場町を再現した観光地（福島・大内宿）

住宅地のコミュニティセンター広場（米国）

この水底のデザイン意図は何でしょう？（ポルトガル）

103

13.1 歴史と観光

人々を呼びこもう

歴史的景観

地域の歴史に題材を求めることは観光開発の定石です。史実や歴史上の人物に関連する施設の計画設計、説明板や案内板のデザインなどもランドスケープの仕事です。**伝統的建造物群保存地区**や**景観地区**といった指定のもとで歴史的まちなみを維持または再現することもあります。しかしあまり現実離れした景観や、観光化されすぎる状況には賛否両論があります。(図13・1)

日常との調整

歴史的景観を守る時、日常生活への支障を最小限にし、**不動産価値**を下げないことなど、調整すべき問題は山積みです。たとえば歴史的景観の沿道だからといって駐車スペースや自動販売機、エアコンの室外機などの使用を禁止したら生活上の利便性が損なわれます。そこで景観に合う色のカバーや植栽などを用いて馴染ませることが必要になってきます。(図13・2)

映えスポット

「**インスタ映え**」する場所をつくることは、今の時代の集客には欠かせません。映画やドラマのロケ地めぐりや人気アニメやマンガのゆかりの地を回る「**聖地巡礼**」も人気があるようです。リピーターを増やすには飽きさせないことが肝要で、魅力的な飲食店や休憩所を増やしたり、季節や時間の変化が楽しめる自然の景観を大切にすることも効果的なのではないでしょうか。(図13・3)

テーマパークとレプリカ

世界の有名建築の**レプリカ**はラスベガスに始まり、中国などアジア圏のあちこちにもつくられています。**テーマパーク**の建築は精巧な舞台セットで、海岸や雪山のような空間を人工的に造ることすら今は可能です。これらについての賛否はさておき、ファンタジーの世界に入っても生身の人間が安全かつ快適に過ごせるようにすることは、設計の大事な仕事です。(図13・4)

縮景

伝統的な日本庭園には自然景観をミニチュア化し再現する**縮景**という手法がありました。本物らしく装って幻想を起こさせようとするわけではなく、自然を**モチーフ**として再構成する庭園芸術でした。現代においても、その地域の地形や風土や自然植生などを見やすいかたちに抽出し、地域についての情報提供を行うようなデザインが可能です。(図13・5)

▶ **伝統的建造物群保存地区**
preservation district
文化庁が指定する重要伝統的建造物群保存地区は、全国で120箇所以上ある

▶ **景観地区**
scenic district
市街地の中で良好な景観を形成するよう建築物の高さや建蔽率、また外観のデザインが定められた地区

▶ **不動産価値**
property value
建築物の大きさやデザインに制限がつくことにより買い手がつきにくくなると、日本では資産価値が下がることが多い

▶ **インスタ映え**
instagenic,
instagrammable
インスタグラム等のSNSに写真を投稿したら注目を集めそうな景観や事物

▶ **聖地巡礼**
location visiting
鷲宮神社、木崎湖、豊郷小学校旧校舎、尾道、城端などが人気を集めている

▶ **レプリカ**
replica
実物大または縮小した寸法で建築物や美術品、工芸品などの外見を複製したもの

▶ **テーマパーク**
theme park
特定の時代や文化に沿って全体を演出した観光施設

▶ **縮景**
compacted natural
scenery
桂離宮の天橋立を再現した池庭などが有名

▶ **モチーフ**
motif
芸術表現の動機、主題

インバウンド観光客で賑わう中山道の妻籠宿（長野）や馬籠宿（岐阜）は古くからの重伝建地区であり景観整備も徹底している

図 13・1　歴史的景観

歴史的景観の中で自動車にどう対応するかはどこの歴史地区でも悩みの種（長野・中山道の奈良井宿）

図 13・2　日常との調整

インスタの撮影用のハッシュタグ（#）と変装用カツラを提供（兵庫・南あわじ うずの丘大鳴門橋記念館）

「天空の鏡」が撮れるためインスタグラマーに人気（香川・父母ヶ浜）[23]

人気アニメの舞台を訪ねる「聖地巡礼」で人気を集める滋賀県の豊郷小学校はW.M.ヴォーリズ設計の建築でもある[24]

図 13・3　映えスポット

1/25のミニチュアサイズで世界の有名建築や歴史遺産を見て回れる建築のテーマパーク（栃木・東武ワールドスクウェア）[25]

遊興の街ラスベガスには、ニューヨーク、ローマ、パリなど世界の都市の有名建築のレプリカがある（米国）[26]

図 13・4　テーマパークとレプリカ

「天橋立」（京都・桂離宮）

「州浜」（京都・京都仙洞御所）

図 13・5　縮景

Lesson 13　Community & Tourism　歴史と観光

Visuals

歴史的事件の記憶をとどめるランドスケープデザイン、破壊された高層ビルの跡地につくられたモニュメント（米国）

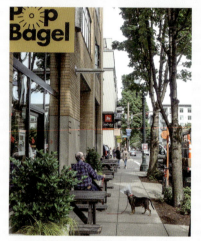 

店とベンチで歩道に活気を（米国）　　麻薬と犯罪の巣窟から市民の憩いの場に生まれ変わった公園（米国）

物売りや大道芸人が風景の一部となる観光広場（スペイン）

川辺に集まる人々(京都・鴨川)

川辺に集まる人々(英国)

平日の夕方から市民の憩いの場となっている庭園(フランス)

カフェの屋外座席(フランス)

建築家が主体となり、学生や子どもたち、地元企業と協同し天蓋のワイヤーを活用した福山とおり町七夕まつりを開催。人と活気を取り戻した地方都市(広島)[27]

Lesson 13 Community & Tourism 事例紹介

107

13.2 賑わいのデザイン

さりげなく誘導しよう

歩けるまち

一度に大量の**集客**ができると経済効率は良くなります。それには広い道路や大型バス用の駐車場があるとよいですが、あまり大きな建物や道路を作りすぎて景観を損ねては本末転倒です。**複合商業施設**や大型ホテルなどは飲食から娯楽まで中で全てが揃い便利ですが、人々が外出したくなるような**歩けるまち**にしておけば、まち全体が活性化できるかもしれません。（図13・6）

ヒューマンスケール

人々が多く集まれば「賑わい」となりますが、自動車が多く集まってもただの「渋滞」です。まちを活気づけるには、人々が集まりやすい**ヒューマンスケール**の「歩けるまち」を維持することが大切です。建築では**分節**してボリューム感を抑えますが、適切な植栽や適切な大きさの外構を加えることでも、よりヒューマンスケールな空間へと近づけることができます。（図13・7）

行動をうながすデザイン

広場などで「スケートボード禁止」「駐輪禁止」といった注意書きを見かけますが、最初から滑りにくい素材を選び、自転車を停めにくいデザインにすべきです。同時にスケートボードパークや、十分な駐輪場を提供することも重要です。路上生活者が寝られないようにと仕切りをつけた「**意地悪ベンチ**」は、少しだけ休みたい人や仲良しカップルまで排除してしまいました。（図13・8）

使われない施設

まちのイベントを想定して広場にステージをつくったり、**円形劇場**のような座席をつくったりすることも一時期は盛んに行われていました。しかし「いかにもステージ」「いかにも劇場」やだだっぴろい広場は、無人の時には寂れた景観となってしまいます。椅子やベンチも同様です。使われていない時にも風景に溶け込むようなデザインを心がけたいものです。（図13・9）

持続させるために

イベントは賑わいをつくりますが、一過性にせずリピーターを獲得する工夫が必要で、そのためには「また来たい」と思ってもらえる良好な環境をつくることが重要です。分かりやすく景観を阻害しない**案内板**や**看板・標識**、使いやすい駐車場、快適な休憩施設、季節や時間を変えて写真を撮りたくなる景観などは、デザインにより質を高めることが可能です。（図13・10）

▶ **集客**
attracting visitors
訪問者を誘致すること

▶ **複合商業施設**
shopping mall
ショッピングモール。大型店舗、多数の小店舗、サービス施設などを備える

▶ **歩けるまち**
walkable city
歩く速度に相応しい景観があり歩車分離された都市

▶ **ヒューマンスケール**
human scale
身体の大きさ、動きの範囲や速度などに適した、人間に心地よい空間の規模

▶ **分節**
segmentation
大面積の屋根や壁などを小さく区切ることで圧迫感を軽減すること

▶ **意地悪ベンチ**
hostile bench
defensive bench
現在は批判と議論を受け見直される方向にある。排除ベンチともいう

▶ **円形劇場**
amphitheater
古代ギリシャ時代から続く、ステージを囲んで階段状に広がる劇場

▶ **案内板**
information board
何がどこにあるか、展示しているものは何かの掲示

▶ **看板・標識**
signage
場所や展示品の名称や内容を示す看板、進むべき方向や注意事項を示す標識、サイネージ

実は4〜5階建の旅館も多い
上階がセットバックしており
道から見えにくい(兵庫・城崎温泉)

温泉につかった後
浴衣でそぞろ歩き
したくなる温泉地
作りこみすぎず
昔ながらの面影の
商店街も生きている

図13・6　歩けるまち

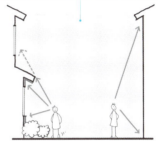

重要文化財の道後温泉本館屋根や
壁面が細かく分節され圧迫感がない

こちらの
大型ホテルや
立体駐車場は
分節されておらず
大きく感じる

団体旅行の大型バスや
自家用車に対応した広い道路

同じ高さであっても壁面が庇や外壁仕上げで分節され
さらに近いところに装飾や開口部や植栽があると
視線と意識がそちらに向きよりヒューマンスケールに
感じられやすい

図13・7　ヒューマンスケール

街路樹の配置により
つい停めたくなる
スペースができた
駐輪禁止の文字が
むしろ目を引く

これほど広々とした
平滑な斜面を作り
滑るなというほうが
酷ではないのか？

千利休が考案した
草庵茶室のにじり口は
わざと小さくしてある
武士なら刀を外に置き
平等に頭を下げて
入らなければならない
かつて封建時代には
そうして安全が保証され
身分を超えたひと時の
対等な会話ができた
現代においても
排除や意地悪ではなく
未来にトラブルを防ぎ
自然と周囲に気づかう
行動をうながすような
デザインを心がけたい
(島根・明々庵)

図13・8　行動をうながすデザイン

中途半端な大きさで使い道が分からない円形沈床部分
かつ座るには冷たく硬すぎるコンクリートの座面
(米国・集合住宅の共用庭)

誰にでも分かりやすく
景観を阻害しにくい案内板
日本語と英語を併記
(長野・中山道の妻籠宿)

図13・9　使われない施設

図13・10　持続させるために

Lesson 13　Community & Tourism　賑わいのデザイン

にぎわい広場

歴史的なまちなみをもつ地区の中心地に広場をデザインしてください。

- 年間200万人程度の観光客が季節を問わず訪れる
- 交通の便は、JR支線の駅から徒歩20分、幹線の駅からは車で20分程度
- 道路をはさんで公営駐車場、トイレ、観光案内所、土産物販売所がある
- 周囲には厨子二階または本二階建の伝統的な町家が立ち並ぶ
- 敷地内にも周辺にも大きな高低差はなく平坦な土地である
- 市の木はウメ、市の花はサクラ、特産品は醤油と素麺である
- 温泉は出ない

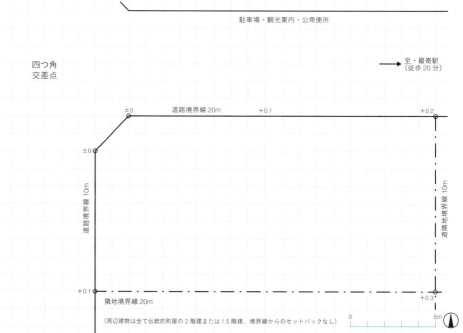

 A4判解答用紙は https://book.gakugei-pub.co.jp/gakugei-book/9784761529109/#appendix からダウンロード可

Discussion Tips　ディスカッション（p.103）のヒント

A……用途を限定しすぎないゆったりした空間は、賑わいを誘いやすい
B……歴史的景観を完璧に保存すべく全ての住民の同意が得られた珍しい事例
C……使われていない時も寂しさを感じさせないデザインの屋外劇場
D……水がない時でも涼しげに見えるよう青系のタイルを貼った水底

人が集まる時には用途を限定せず多様な使い方ができるよう、また人がまったくいない時にも寂しさを感じさせないよう、緑とハードスケープを程よく取り合わせるとよいでしょう。

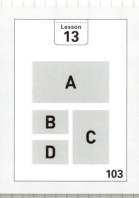

Lesson
14
仕事を知る

 これらのランドスケープは
誰がデザインしたのでしょうか？

都市を流れる川から遠くの山々を望む（京都・鴨川）

神社の境内を流れる小川（京都・下鴨神社）

古寺の庭園（京都・西芳寺）

14.1 海外の動向

ランドスケープの先進国では

ランドスケープアーキテクチャーへ

生態系や都市計画にも関わる大規模かつ公的なプロジェクトを扱うのがランドスケープアーキテクチャーであり、都市計画や環境学についての確かな知識と、それを踏まえた審美性の高いデザイン力が必要になります。これらのプロジェクトは社会や地球全体の影響が大きいことから、専門教育を受け公的なをもつ専門家が執り行うことになっています。(図14・1)

米国の免許登録

米国には「ランドスケープアーキテクト」の免許登録制度があり、「建築家」と同等の公的な**業務独占資格**です。認定を受けた専門職課程（BLA、MLA）を卒業した後、**実務経験**を経て4科目の**資格試験**に全て合格すると州政府に免許登録でき、2年ごとの更新制です。資格未取得の設計者は「ランドスケープアーキテクト」を名乗ることはできません。(図14・2)

米国の教育制度

米国ではランドスケープアーキテクチャーの教育体制が確立しており、職能団体から認定を受けた教育機関が提供する専門職学位として、学部5年制の**BLA課程**と修士2〜3年制の**MLA課程**があります。学部4年制のランドスケープ専攻を卒業しただけでは免許試験の受験資格は得られませんが、専門職修士課程の2年コースに入学する資格を得られます。(図14・3)

ヨーロッパの動向

ヨーロッパ諸国では**建築家**が屋外空間の設計も担い、植物を担当する園芸家と分担してきた伝統があります。30年ほど前までは、ランドスケープの専門教育が存在したのはごく限られた教育機関のみであり、この職能の認知度もほとんどありませんでした。しかし近年では環境意識の高まりとともに、建築の実務や教育がよりランドスケープ志向に近づきつつあります。(図14・4)

世界的な潮流

米国では1970年代頃から自生種を使った自然な造園が主流となってきましたが、現在では他の地域でもそれが主流となりました。建築にも積極的に緑を取り入れることが当然の努力となったことから、植物や自然環境についての知識がますます求められています。**スクラップ＆ビルド**はすでに時代遅れで、今あるストックを活用するプロジェクトが増えています。(図14・5)

▶ **業務独占資格**
occupational license
資格を持っていないと業務に従事できない類の資格。c.f. 名称独占資格は日本独特の制度で、職名を名乗ることができる資格だが、業務独占できるとは限らない

▶ **実務経験**
practical experience
有資格者の監督の下で実際の仕事に携わること

▶ **資格試験**
licensure exam
米国の免税非営利団体であるCouncil of Landscape Architectural Registration Boards（CLARB）が米国全体の資格試験を受託実施

▶ **BLA課程**
Bachelor of Landscape Architecture
専門職学士課程

▶ **MLA課程**
Master of Landscape Architecture
専門職修士課程
この分野では最上級の学位（terminal degree）

▶ **建築家**
architect
欧米の建築家は原則として計画と意匠設計を行う職業であり、日本の「建築士」とはやや業務範囲が異なる。教育制度においても建築学部と工学部は別である。

▶ **スクラップ＆ビルド**
scrap and build
古くなった建物などを取り壊して新築すること。日本でもリノベーションが盛んになってきたとはいえ、他国と比べると新築の比率がまだまだ非常に高い

図14・1　ランドスケープアーキテクチャーへ　　　　　　　　　　　環境保全のための公園（米国）

レクリエーションのための大規模な公園（米国）

米国のランドスケープアーキテクトの免許は州政府に登録する。米国では州が法的に独立しているため、州登録資格が日本でいう国家資格に相当する。しかし他州で仕事をする際には追加免許としてそれぞれの州ごとに登録が必要。個人宅の庭園を除きプロジェクトの屋外空間にも様々な申請や許認可が必要であり、有資格者のみが設計し署名できる業務独占資格である。

米国のランドスケープアーキテクチャー専門教育は、自然環境とデザインを両輪とする。BLAやMLAといった専門職学位授与機関の認定は大変厳格で、さらに認定を更新するためには5年毎の訪問調査を含む教育内容の審査に合格しなければならない。訪問調査は2週間にわたり、学生の提出物の閲覧や学生への聞き取りを行い実際の教育内容を精査する。

環境共生デザイン（米国）

地下水を守る排水路（米国）

図14・2　米国の免許登録　　　　　　　　　　　　図14・3　米国の教育制度

自生種による自然な植栽が世界の潮流（英国）

緑化した集合住宅「垂直の森」（イタリア）

図14・4　ヨーロッパの動向

イタリアの建築系大学院　持続性、歴史遺産コース

その他、注目したい世界のプロジェクト：
Thammasat University rooftop（タイ）
Shenzhen Natural History Museum（中国）
Hamaren Activity Park（ノルウェー）
Ecoparque Bacalar（メキシコ）

屋上・壁面・インドア建築も緑化するのが常識（シンガポール）[29]

陶土採掘場の環境を再生し環境教育を行う場となったエデン・プロジェクト（英国）[30]

図14・5　世界的な潮流

Lesson 14　Professional Practice　海外の動向

113

Visuals

アメリカの最先端のプロジェクト。分割され立体的な人工地盤の上に作られた公園。埋め立てよりも環境影響が小さい

立体的な人工地盤により、本来なら大量の盛土を要する築山や高木の植栽を無理なく実現

野外劇場も親水空間 　　　　　　　　　コルテン鋼の柵と擁壁

最先端の事例（米国・ニューヨーク市のリトル・アイランド）

かつての高架鉄道を活用し遊歩道に

もともとあった雑木や草花で植栽

高架の南端を下から見る

ウッドデッキとベンチ

軌道を植栽の枠として活用

新規増築部分
ストック活用の先駆的事例（米国・ニューヨーク市のハイライン）

Lesson 14 Professional Practice 事例紹介

14.2 日本における可能性

これから伸びる仕事

ランドスケープ関連の資格

2002年創設の**登録ランドスケープアーキテクト（RLA）**は、受験資格も厳しく合格率2割程度の難関資格です。2016年から国土交通省登録資格となりました。指定学科卒業後または**RLA補**資格登録後一定期間の実務経験を経て受験資格を得ます。一次試験は基本的知識80門と設計知識80問、二次試験は計画実技と設計実技からなります。（図14・6）

事務所の開設

ランドスケープの設計に関する国家資格が存在しないため、公園などの公共事業の設計に携わるためには、**技術士**の資格で建設コンサルタントを開業します。小規模のガーデニングなど民間の仕事では資格を必要としないため様々な専門家の参入が可能です。**一、二級建築士**事務所として登録しながらランドスケープデザインを主要業務としている事務所もあります。（図14・7）

緑をとりいれた建築

近年では建築物の屋上緑化や壁面緑化も増えてきました。また**建築家**が屋外空間まで含めたデザインをすることもよくあります。しかし何十年も先まで見据えてプロジェクトの成功を持続させていくには、やはり生物材料の特性や屋外環境の扱いかたに精通した造園や外構の専門家が必要ですので、コラボレーションの場は今後ますます拡大していくと思われます。（図14・8）

さらに学びたい人のために

美術系や建築系でランドスケープデザインを教える学校が増えていますが、植物や自然環境の専門家として存在意義をもつためには、日本では**農学**や**環境学**の専門家が教える学校で学ぶのがよいでしょう。海外留学を検討する方もいると思いますが、自然環境や社会環境に関わり非常に地域性の強い仕事のため、海外で学んだことが日本でそのまま通用するとは限りません。（図14・9）

庭職人の将来

日本庭園の技術と文化は世界に認められたものですが、日本国内でその技術を活かせる案件が激減しています。他の伝統産業と同様に後継者不足も深刻であり、このままでは貴重な技能が継承されず失われてしまいます。海外には日本庭園を求める富裕層の顧客もまだまだ存在しているので、これから**庭師・庭職**を目指すなら、海外市場も視野に入れておきましょう。（図14・10）

▶ **登録ランドスケープアーキテクト**
Registered Landscape Architect
米国のランドスケープアーキテクト資格に相当する内容だが、日本では民間資格

▶ **RLA補**
Assistant RLA
卒業した学校を問わず受験できる民間資格

▶ **技術士**
Professional Engineer
公共事業の計画設計を行う建設コンサルタント登録に必要な国家資格

▶ **一、二級建築士**
1st/2nd-class Architect and Building Engineer
日本の建築士資格は構造や設備など工学的な知識と素養が求められる国家資格。欧米の建築家資格より業務範囲が広い。

▶ **建築家**
architect
日本の建築士または海外の建築家の資格をもって建築物の設計を行う人々

▶ **農学**
agricultural studies
現代の農学は、栽培に関する学問だけでなく、生命科学や環境学といった分野まで含んでいる

▶ **環境学**
environmental studies
自然・社会・人文科学にわたり人と自然の関係を探る

▶ **庭師・庭職**
garden artisan
日本庭園においては設計施工が原則であるため、デザインをしたい場合には施工もある程度できなければならない。庭師ともいう。gardenerよりも高度な専門職をさすことが多い

国家資格	
造園施工管理技士（1、2級）	国土交通省
造園技能士（1、2、3級）	厚生労働省
園芸装飾技能士（1、2、3級）	厚生労働省
民間資格	
樹木医	㈶日本緑化センター
街路樹剪定士	㈳日本造園建設業協会
植栽基盤診断士	㈳日本造園建設業協会
公園管理運営士	㈶公園緑地管理財団
ビオトープ管理士	㈶日本生態系協会
園芸福祉士	(NPO)日本園芸福祉普及協会

図14・6　ランドスケープ関連の資格

ランドスケープに関係する技術士の専門分野	
建設部門	土質及び基礎／鋼構造及びコンクリート／都市及び地方計画／河川、砂防及び海岸・海洋／道路／建設環境／施工計画、施工設備及び積算
上下水道部門	上水道及び工業用水道／下水道
農業部門	農村地域・資源計画
森林部門	森林環境／土木
水産	水産資源及び水域環境
応用理学部門	地質
環境部門	環境保全計画／環境測定／自然環境保全／環境影響評価

図14・7　事務所の開設

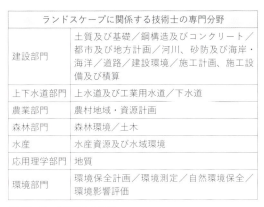

図14・8　緑をとりいれた建築

図14・9　さらに学びたい人のために

図14・10　庭職人の将来　　　後継者の指導にあたるベテラン庭師たち。海外からの研修希望は多く、国際化が進んでいる

停泊する船団に見えることから夜泊石（よどまりいし、やはくせき）と呼ばれ、建物の礎石であったとの説もある（京都・西芳寺）

日本庭園の維持には日々の掃除と季節ごとの手入れが欠かせない。掃除も難しい技術の一つで、熟練を要する
（左：京都・西芳寺、中央：奈良・依水園、右：石川・兼六園）

💡 Discussion Tips　ディスカッション（p.111）のヒント

A ……… 川の断面や橋は土木技師が設計するが、遠くの山々は誰にも設計できない
　　　　背景の建築にも口出しできないが、河岸の遊歩道はランドスケープの仕事
B ……… 古い神社の鎮守の森で、自然に見えるが、実は遺構を現代の技術で復元した
C ……… 西芳寺の池庭は、建物が失われ荒廃していた敷地に自然に苔が生えた
　　　　いわば自然がデザインしたものだが、美しく見えるのは日々の管理の賜物

「ランドスケープデザイン＝風景をデザインする」という考え方は、実はとても非現実的で危ういものであることが分かります。私たちにできることを考えましょう。

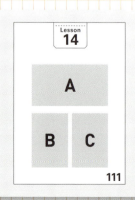

エスキス課題の解説

Lesson 1〜13

解説 エスキス課題1
私の庭

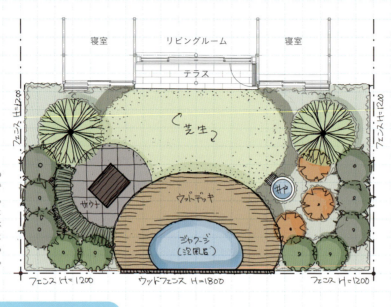

解答例：一人でリラックスする庭

課題の考え方

今回は目的（Goal）を自由に考える課題です。
たとえば次のような、様々な目的が考えられます。

- ●一人でリラックスする庭
- ●大事な人と二人で過ごすための庭
- ●子どもと遊ぶための庭
- ●大勢でパーティーやBBQができる庭
- ●ペットを遊ばせる庭
- ●ガーデニングを楽しむ庭
- ●家庭菜園を楽しむ庭
- ●身体を動かすための庭
- ●趣味を楽しむための庭（工芸、DIY、その他）
- ●ただ眺めて楽しむための庭
- ●自己表現の作品としての庭
- ●家の環境を良くするための庭

考える手順としては、次のようにしてみましょう。
　①自分が理想とするライフスタイルを把握する
　②庭で何をしたいのか具体的なイメージをもつ
　③そのために何が必要かを考える
架空のクライアントを想定しても構いません。

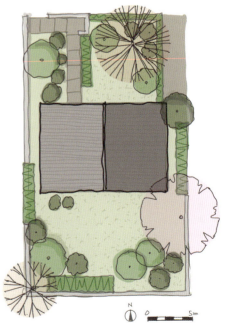

この敷地は p.17 の上段の写真にある
江戸東京たてもの園に移築された
前川國男邸の南庭を参考にしたものです
庭の広さの感覚が掴みにくかった方は
写真を見て参考にしてみてください

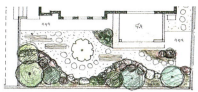
プラン1 ロックガーデン風

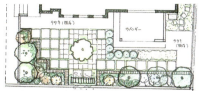
プラン2 地中海パティオ風

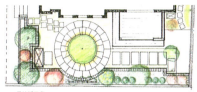
最終採用案

住宅庭園の複数提案

住宅庭園の竣工直後

個人邸で施主の要望に沿ってデザインする上でのポイント
- 一人で過ごすのか、誰と過ごすのか
- いつ庭で過ごすのか（毎日なのか、週末や夜だけなのか）
- 庭で実施したい趣味があるか（ガーデニング、BBQ など）
- 好みのスタイル、好きな色などはあるか
- 変化を楽しみたいか、常に安定した見た目が必要か
- 困っていることはあるか（プライバシー、温熱環境など）
- その他

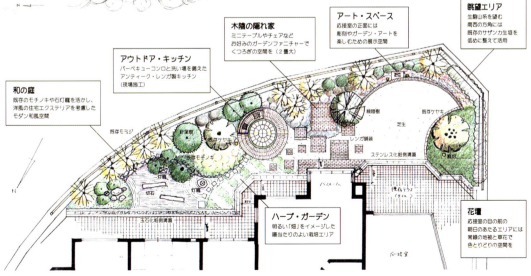

住宅の各部屋と関連づけた庭園デザイン

Esquisse Review 1 　私の庭

121

解説

エスキス課題2
住宅の外構

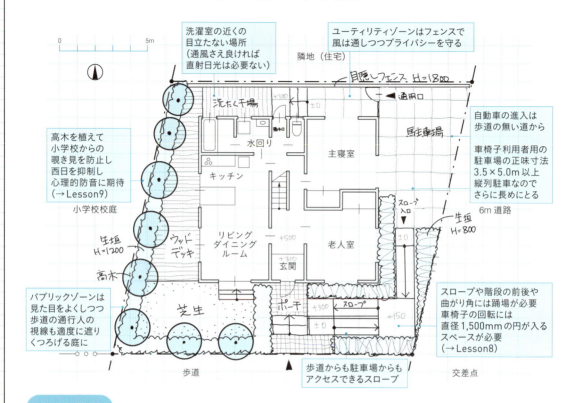

標準解答例

配置の決め方の手順

1. 駐車場や玄関アプローチなど、道路との関係に制約を受けるものを配置する
2. 駐車場やスロープなど、一定以上の大きさや長さを要するものに十分な場所を確保する
3. 見せたいもの（パブリック）と見せたくないもの（プライベート）をゾーニングする
4. 植栽をする場合は、植物の生育に必要な日当たりの考慮する

駐車場の位置

- 交差点に近くは駐停車禁止で出入庫しにくく危険なため、南東角は避ける
- 南側から車を入れると歩道の切り下げを要し、道路管理者の許可と費用が必要となる
  → この敷地の場合、駐車場の位置は北東が望ましい

玄関アプローチの考え方

- 歩道がある道とない道に接している時は、より安全な歩道側を主出入口とする
- 駐車場からは、一度公道へ出ることなく玄関までたどり着けるルートが敷地内に必要である
  特に一度車道へ出なければならないようなルートは危険なので避ける
- スロープをつける場合には、適切な傾斜とするために十分な長さが確保できる場所を選ぶ
  → この敷地の場合、歩道のある南側に入口を設ける
     歩道側の主出入口と駐車場のいずれからもスロープで入れるようにする

狭い敷地においては建物の影ができない南側に庭を設けることが多いが、それだと植物の裏側を見ることになることになる。十分な奥行きの敷地があるなら、北側に庭をとると、太陽に向かう姿の良い植栽を見ることができる。また南側に高い塀や生垣がある場合、その影が南庭に落ちることも考えておかなければならない。

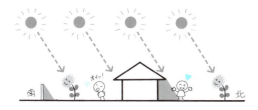
日当たりと植栽

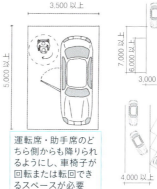
住宅用駐車場の寸法

駐車角度により必要な前面道路幅員

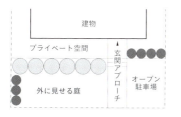
オープン型の外構

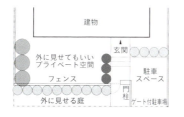
セミオープン型の外構

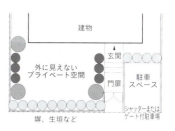
クローズド型の外構

外構のスタイル

- オープン型 ………… 駐車場は外に停め、庭もある程度外に向けて見せて、家の「顔」とする
- セミオープン型 …… 外に向けた植栽なども作るが、全体的にはフェンスや塀の中に収める
- クローズド型 ……… 駐車場はガレージの中とし、庭は生垣や塀などで囲って見えにくくする

庭と植栽の考え方

- 芝生・菜園・花物は、原則として日当たりの良い場所を好む
- 建物の北側であっても、敷地が十分に広く建物の影にならない場所であればむしろ望ましい
 （この課題はそれに該当しないため、建物の北側に庭を設けるべきではない）
- ウッドデッキは掃き出し窓から直接出られるようにすると室内と一体的に使える
- 芝生を十分に活用するには、少なくとも室内の部屋と同じ程度に動き回れる面積を確保する
- 目隠ししたいところに樹木・生垣・ツタを絡めたフェンスなどを配置する
 →南側と西側は、公道や隣地からの視線を考慮して、生垣で囲む

ユーティリティゾーンの考え方

- 建物内の家事動線などに関係する室や動線から出やすい場所に設ける
- 洗濯物干場は、公道や隣地から丸見えにならないように配置する
- 洗濯物干場は、家族の団欒や来客が想定されるリビングルームの窓の外なども避けたい
- 洗濯物干場は、必ずしも直射日光を必要としないが、風通しはある方がよい
- ゴミ置き場や物置き場などは、直射日光が当たらず、外からも見えにくい位置が望ましい
 →この敷地の場合は、建物の北側で勝手口に近い場所が、最も相応しい

Esquisse Review 2 住宅の外構

解説
エスキス課題3
住宅地の小公園

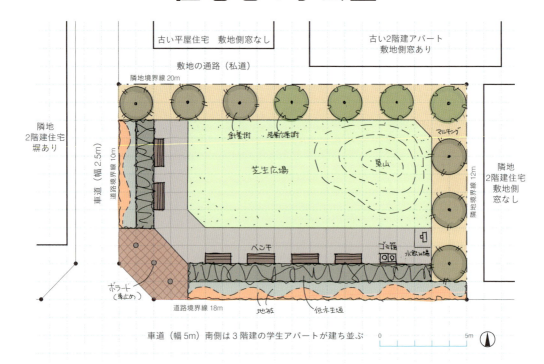

解答例1：多目的型

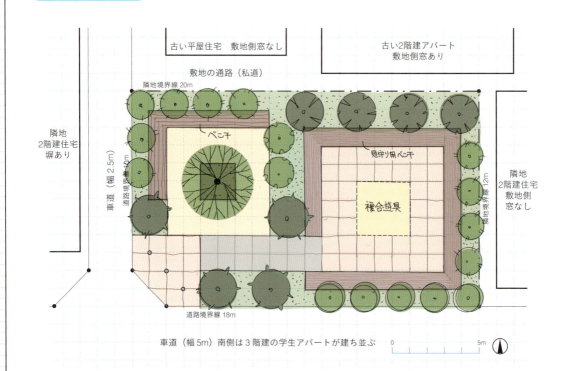

解答例2：ゾーニング型

住宅地の小公園の考え方

- 隣地の住宅などとの間に互いに適度な**目隠し**や**防音**となる樹木などを配置する
  ただし**日照**を阻害しすぎないように間隔をあけて配置し、落葉樹も適宜活用する
- ベンチの足元、園路、公園への入口は、水溜りや泥とならないよう**舗装**する
- 入口付近は道路と見分けやすい舗装とし、さらに**ボラード**を設けて車の侵入を防ぐ
- 潤沢な**管理予算**はない場合が多いので、花壇など手入れのかかるものは避ける
- 子どもの飛び出しや車の飛び込みを防ぐよう、道路側には**バッファーゾーン**を設ける
- 道路に面した部分は、**道路景観**や**周辺景観**に配慮したデザインをこころがける

解答例1の計画主旨

- 子どもから大人まで様々な年代が自由に「休む」「遊ぶ」ことができる芝生を設けた
- 敷地の南側1/3程度は向かいの学生アパートの影となるため、芝生は北側に寄せて配置した
- 北側の2階建アパートの冬の日照を遮らないよう、その前だけ落葉樹を用いた

解答例2の計画主旨

- 西側の樹木を囲んだ「静」のゾーンと、東側の遊具を囲む「動」のゾーンに柔らかく分けた
- 人数によらず自由な座り方ができるよう、ベンチは区切りのないロングシートとした
- 日の高い夏でも日陰に入る部分もできるよう、高木を多く植栽した
  （解答例1では、やや日陰が足りない時間帯ができる）

緊急車両通行時にはとりはずせる、公園入口のボラード（日本）

ボラードのような仕切りにも腰掛けにもなる（米国）

車道と歩道を区切り車の侵入を防ぐボラード（スペイン）

敷地への入口を示すオブジェのようなボラード（UAE・ドバイ）

解説 エスキス課題4
屋上庭園

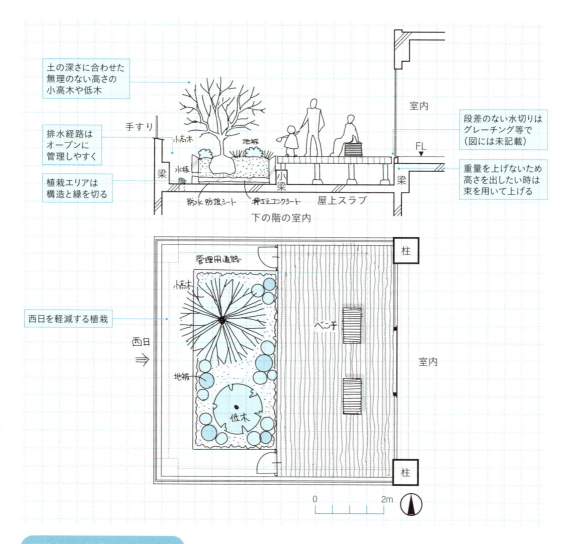

解答例1：植物を集中させる

人工地盤の重要ポイント

- 屋根スラブにかかる**荷重**を極力抑えつつ、植物の生育に必要な土量を確保する
  （**軽量人工土壌**を用いる、土壌の必要のないところは**空洞**にする、など）
- 落葉などを詰まらせないよう、管理のしやすい**排水経路**を計画する
- 植物の根や水や有機物が建物を傷めないよう**躯体から独立**させる
- **バリアフリー**で室内と段差を設けない時は、室内に水が入らないよう**水切り**を設ける
- **管理用通路**を確保し、植栽の手入れや取り替えが無理なくできるようにする
- 高木を用いる場合には、**強風**でも倒れないようしっかりした**支柱**を用いる
- **水やりによる荷重**を最小限にするため、乾燥に強い植物を選ぶ
- 建物の壁やガラスからの**照り返し**も考慮し、日射や暑さに強い植物を選ぶ

Esquisse Review

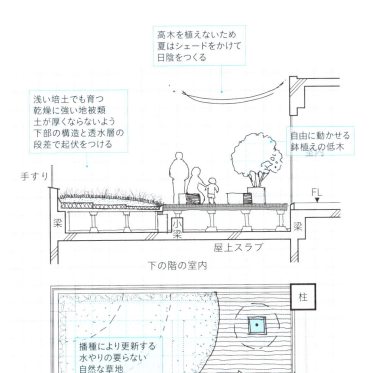

屋上庭園に向く植物の選び方

風と乾燥に強い樹木：
サツキ類、ツツジ類、アベリア類、
ハイビャクシン、オタフクナンテン、
フェリフェラオーレア、など

水やりや施肥のいらない地被類：
タマリュウ、ヤブラン、フッキソウ、
シバザクラ、マツバギク、
ハツユキカズラ、ツボサンゴ、ツワブキ、
ヘデラ類、グラス類など

ハーブ類（日当たりの良い場所）：
タイム、ローズマリー類など

多肉植物：
セダム類
メキシコマンネングサなど
（自治体の屋上緑化面積には
カウントできない場合がある）

芝生
コウライシバ
ノシバ

選ぶ際の注意点：
落葉樹でも常緑樹でも落葉するが、排水口につまりにくい葉をもつものを選ぶ

暑さや日差しに強い、水やりが要らないと言われてきた植物も、昨今の猛暑続きで枯れている事例もよく見かけるので、注意を要する

タケ・ササなど根の強いものは
建物を傷めるので避ける

その他、種子で自然に更新する草類も
場所によっては効果的である

Esquisse Review 4 — 屋上庭園

解答例2：地被類で薄くカバーする

芝生や地被ならば薄い培土でも屋上緑化が可能（日本）[33]

自然な更新をとりいれた草のランドスケープ（イタリア）

解説

エスキス課題5
植栽計画

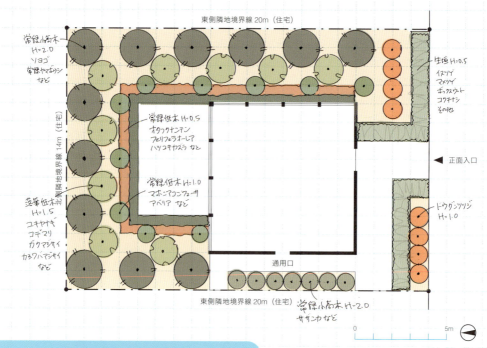

解答例1：室内から見た遠景・中景・近景をつくる

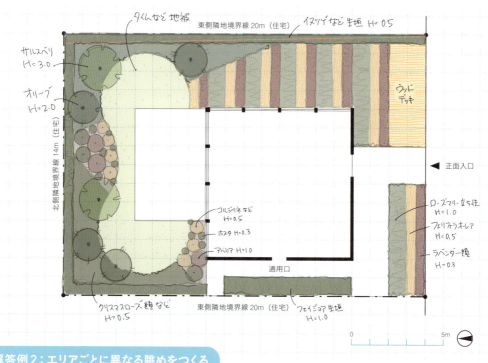

解答例2：エリアごとに異なる眺めをつくる

小規模の庭の植栽の考え方

- クライアントがどのくらい**管理**できるかを考えて植物を選ぶ
- 芝生、ハーブ類や菜園、花を楽しむものは原則として**日当たり**の良いところに置く
- 歩道に面した部分には**道路景観**に配慮した植栽を行う
- 室内や道路から見て**近景**は低く高密度に、**遠景**は高く低密度に植える
- **サイズ**に注意し、大きくなりすぎる高木や、根の広がり過ぎる樹木は避ける（サクラなど）
- **一年中**楽しめるよう、季節による変化を考慮して選ぶ（一面アジサイなどは避ける）
- 花に頼らず、**葉色**や**テクスチャー**の違いでもメリハリがつくように配植する
- 本来の**自然植生**を参考にして選ぶ（例：熱帯雨林の植物と乾燥地帯の植物を並べない）

葉の色でメリハリをつけた植栽

華やかな寄せ植え

段差をつけた立体的な植栽

葉色だけでカラフルなハーブガーデン

同じ種類の植物で列をつくり、前後で高さを変える

冬枯れするバラなどは整形の常緑樹と合わせる
（東京・旧古河庭園）

Esquisse Review 5 ｜ 植栽計画

129

解説 エスキス課題6
エントランス広場

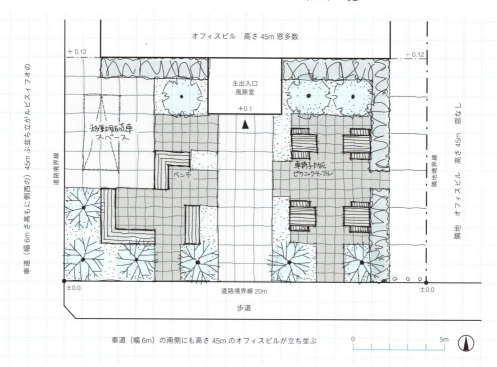

解答例1：四角い空間

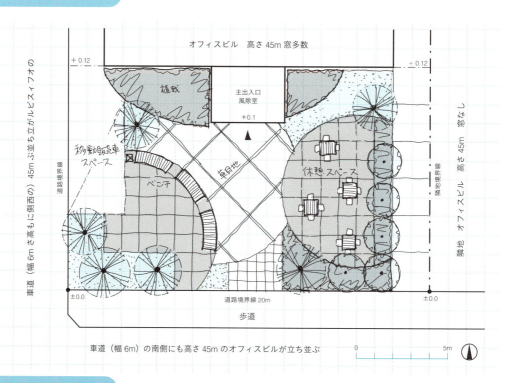

解答例2：まるい空間

都市部のランドスケープの考え方

- **舗装**する部分を多めに構成し、どんな人でも歩きやすく滑りにくい素材を選ぶ
- **排水**がよく環境にも優しい**透水性舗装**の利用を検討する
- 不特定多数の利用を想定し、**バリアフリー**に配慮する（通路幅、高低差など）
- 一人や様々なグループに対応し、多様な**座り方の選択肢**を用意する
- **ビルの谷間**で日当たりがよくない場合が多いので、**耐陰性**のある植物を選ぶ
- 周辺建物の**開口部**との相互の景観に配慮する
- **自動車の出入り口**はなるべく**歩道の切り下げ**のいらない道路側に設ける
- 単なる**通り抜け**に利用しにくいよう、植栽やベンチなどの障害物を適宜配置する
- **植栽帯**はパーティションあるいはバッファーゾーンとして活用する
- **業務利用のアプローチ**は**最短距離**で到達できるようにする
- **水景**は人気だが、維持管理の手間とコストをかけられない場合は代替案を検討する
    - →薄い水盤などの**最小限の水**または**ガラス板**などを用いて水を表現する
    - →水が干上がった場合でも見苦しくなくならないよう**水底を舗装**する
    - →**枯山水**のように水を抽象化し新たな意味をもつデザインを検討する
- 白砂や丸石など砂利系の**舗装材**は、日々の清掃が難しい場合があるので注意する
    - →特に**落葉**がかかるところには用いない
    - →用いる場合は洗い出しなど**固定型舗装材**に置き換える

都会の小さな広場の先駆的事例：ペイリーパーク（1967年・米国）

- 日陰での樹木の生育は良くないが、それが致命的にならない**ハードスケープ**中心のデザイン
- 隣地建物に面した三方に**壁**を立てることにより、周辺の建物の壁面が見えないようにしている
- 都会の喧騒を忘れさせてくれる**滝**の音（財団による運営で管理予算が潤沢にあるため可能）

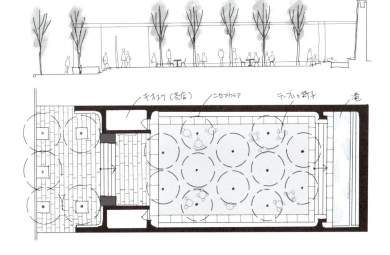

Paley Park
ロバート・ザイオン設計
CBS会長のウィリアム・S・ペイリーが、現代の日本円に換算して約3億円の私財を投じてつくった私設の公園で、ニューヨークのマンハッタン5番街の53丁目にある。周囲は超高層ビルの立ち並ぶオフィス街。入口近くのキオスクではコーヒーやホットドッグも販売され、仕事の休憩時間に都会の喧騒を忘れくつろぐ人々で賑わう。
公園をつくるには最低でも1.2haが必要であるという市当局の常識をくつがえし、13×30mの小さな空間に誕生した「ポケットパーク」の先駆的事例である。

解説

エスキス課題7
街区公園

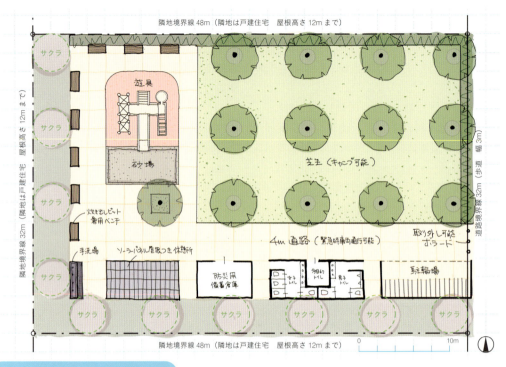

解答例1：木陰を多く災害に備え

解答例2：多目的に利用しやすく

インクルーシブな街区公園の考え方

- 小さな子どもから高齢者、障害者まで**全ての人が使える**ように配慮する
- 遊具を置く場合には周辺に十分な**安全領域**を確保する
- 遊び場には**衝撃吸収性**のある舗装材を用いる（ゴムチップ、土、芝生、木材など）
- 小さい子どもの遊び場の近くには保護者の**見守り**用のベンチを設ける
- **市街地に緑**を提供するよう、植栽の多い空間とする
- ベンチや休憩施設には、夏に備えて**日陰**ができるよう植栽を工夫する
- 遊び方の異なる**年齢層**が互いに干渉しないよう適切に**ゾーニング**する
- 子どもの遊ぶ声や**騒音**が近隣の迷惑にならないよう、植栽などで**バッファーゾーン**を設ける
- 自治体またはその委託業者が管理する場合、**管理の容易な計画**とする
  （移動式の椅子は**管理用員**を要し、噴水などの水景は**維持管理コスト**がかさむ）
- **自転車置場**には自転車を引き出すスペースも確保し、通路と干渉しないようにする
- **トイレ**には原則として多機能トイレと男女別のトイレを設ける（→公衆トイレ問題、p.80）
- トイレとは別に、**手洗い場**や**水飲み場**も設置するとよい（**ゴミ箱**は管理者と要相談）
- **災害時**に備えて**備蓄倉庫**、バイオトイレ、非常用の炊き出し設備などを組み込んでもよい
- 日常の遊びの他にも町内のイベントにも使えるよう、**広場空間**を確保する
- 大人も遊べる**屋外ボードゲーム**や**トレーニング器具**などの導入も検討する（→pp.56〜59）

まとまった大きさの芝生は乳幼児から大人まで様々に使える（米国）

夏の猛暑が続く昨今、木陰はますます必要になっている（米国）

大人がのんびり休憩することができる公園（英国）

階段に座る人、椅子に座る人（フランス）

解説

エスキス課題8
坂道の家

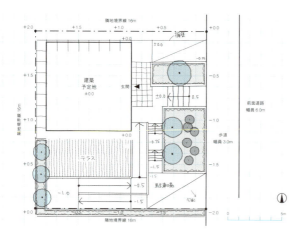

解答例1：フロント景観重視

駐車場を、建築物やテラスからの景観を阻害しない一番低い場所に置いた。スロープを敷地の奥に置くことで前面を植栽とし、道路側の景観を良くした。

● 考えるべき点

必要なスロープの長さはとれるが、180°の転回が生じる。また階段も二箇所必要になる。

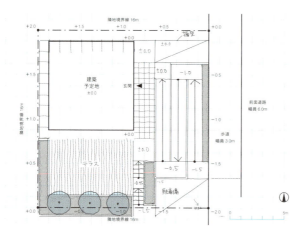

解答例2：テラス景観重視

駐車場を、建築物やテラスからの景観を阻害しない一番低い場所に置いた。スロープを道路側に置くことでテラスを広く、テラスからの景観も良くした。

● 考えるべき点

必要なスロープの長さはとれるが、180°の転回が2回必要になる。道路側から見栄えの良いスロープにする必要が生じる。

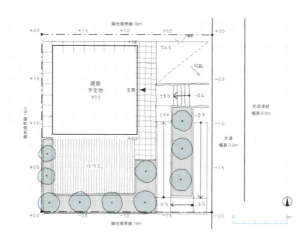

解答例3：駐車場アクセス重視

駐車場は道路と建築予定地の高低差を最も小さくできる北東角に置いた。歩行者入口も高低差の比較的小さい位置にすることでスロープ全長を抑えた。

● 考えるべき点

二方向避難の出口を十分に離すことができず、そのうちの一つがスロープ経由となってしまう。

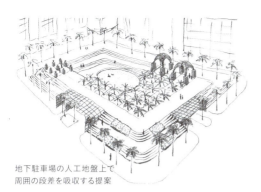
地下駐車場の人工地盤上で周囲の段差を吸収する提案

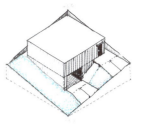
30％程の急坂においては、1階と2階の入口を二箇所にして中で上下をつないだり、デッキなどを張り出すことにより、建築的に高低差を吸収する。

Esquisse Review 8　坂道の家

坂道から玄関への段差の処理（米国）

坂道から駐車場への段差の処理（東京）

坂道に水平面を合わせるには、擁壁と植栽を用いて段差を吸収するのが一般的である。

駐車場出入口など段差がつけられないところでは、水平面にわずかな勾配で坂にすりよせる。

急な坂道に階段が着地する場合

介助者を要する急なスロープでもあれば助かる

階段の蹴上は全ての段で均等にしなければならない。ただし坂道に着地する場合などは均等にしようがない。

スロープの傾斜が1/12より急になると、自走式車椅子で登ることは難しい。しかし他の用途のためにもつけておきたい。

階段の段差がよく見えるように色わけしている

微妙な段差は見落としやすくむしろ危ない

段差を見えやすくするには、段鼻を明るい色にすることが望ましい。部分的に暗い色にすると遠近感が狂いやすい。

車椅子で超えられる段差の限度は3cmであるが、このような微妙な段差には歩行者がつまずくおそれがある。

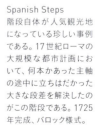
ローマの「スペイン階段」は、都市の主要軸上に現れた地形の段差を階段で解決するのは珍しい（イタリア）

Spanish Steps
階段自体が人気観光地になっている珍しい事例である。17世紀ローマの大規模な都市計画において、何本かあった主軸の途中に立ちはだかった大きな段差を解決したのがこの階段である。1725年完成、バロック様式。

135

解説 エスキス課題9
集合住宅の共用庭

解答例1：利用者によるゾーニングを明確にした計画

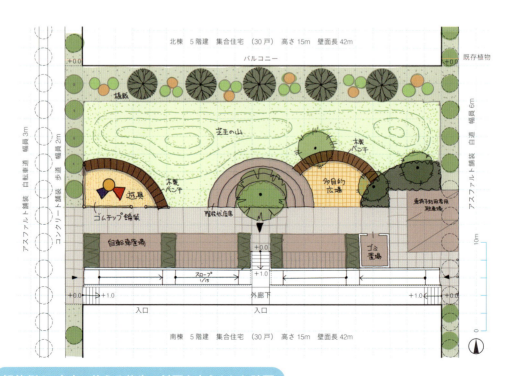

解答例2：自由に使える芝生の斜面を中心とした計画

考える手順

1. **ゾーニング**：日照、接道、眺望の要求で決まる（左図）
- 芝生や植栽は日向、駐車や駐輪は日陰
- 歩道と自転車道の側に駐輪場、車道の側に駐車場
- バルコニー前は眺望や騒音に配慮して植栽エリアとする

敷地分析：日当たりとアクセス

2. **アプローチ**：必要な寸法とスロープの距離を確保する
- スロープに必要な長さを計算し、できる限り1/15 以下に
- 階段やスロープは歩道と駐車場の両方のアクセスに配慮
- 主要な通路幅は、緊急車両進入と通行量集中を考慮し3m
  その他の通路幅はバリアフリー対応として2m

3. **共用庭**：北棟と南棟の住民が日常的に使う庭と考える
- 住宅にふさわしい飽きの来ないデザイン
- 遊び場は車道から離し、見守るためのベンチを配置
- 植栽をゾーンの境界（壁）や緑陰（屋根）として活用

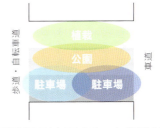

日当たりとアクセスからゾーニングが決まる

留意したい点

- **歩車分離**を徹底し歩行者の安全を確保
- 子どもの**飛び出し**の起きにくい配置
- 外部からの**通り抜け**がしにくい計画
- 住宅への**照り返し**を抑える緑を多く
- **雨水を浸透**させる地表面を多く採用
  （芝生、緑化ブロック、透水性舗装など）
- 十分な隣棟間隔が取れない場合には
  向かい合う窓どうしのプライバシーに配慮
- 子どもの遊ぶ声などが騒音と感じられないよう
  配置や植栽のバッファーで工夫（→ p.76）

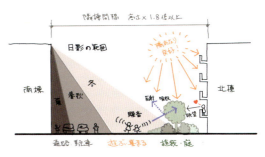

ゾーニングの断面イメージ

昔の団地は原則南向きで、十分な棟間隔が確保されていた（東京）

建物の配置一つで緑豊かな眺望が手に入った事例（大阪）

Esquisse Review 9　集合住宅の共用庭

解説

エスキス課題10
駐車場

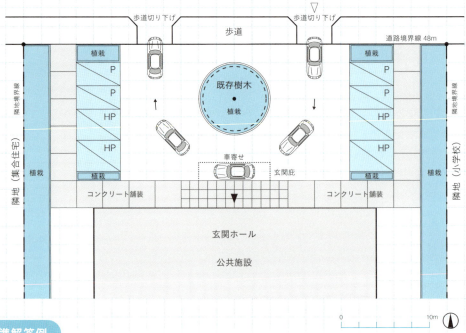

標準解答例

▌駐車場の考え方

- **車寄せ**は**入口前**に配置し、助手席からは雨に濡れずに建物に入れるようにする
- 一度の入場で駐車場全体を**一巡**できるようにする
- 左側通行の日本では左車線から駐車場に入りやすいようにする
- **車椅子利用者用駐車場**は、出入口に一番近いところに設ける
- 車寄せに停車する車の横にもう一台通れる**幅員**を確保する
- 歩道の**切り下げ幅**は規定の限度までとする
- 歩道から出入口まで徒歩で入れる**歩行者専用通路**を確保する
- 車椅子利用者駐車場から出入口まで、**車路**に降りることなく歩行者専用通路のみを通る
- **既存樹木**がある場合、樹冠の大きさの範囲は踏まないことが望ましい

駐車場内の横断歩道は次善の策ではあるが、歩行者とくに車椅子利用者と自動車は本来は交差させないのが望ましい

直角駐車は広い通路を要するが、全体の面積効率は最もよい

60°斜め駐車は面積効率は悪いが、通路の幅が狭くても停めやすい

45°斜め駐車は面積効率はさらに悪いが、通路の幅がさらに狭くても停めやすい

駐車場の配置と通路のとり方

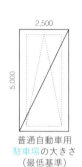

駐車場の大きさと自動車の大きさを間違えないように

普 通：5〜6m　　小型車：6m
救急車：10m
バ ス：18m　　大型車：12m
消防車：16m

最小回転半径の目安
（実際は自動車のサイズや設計により異なる）

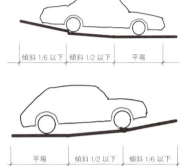

Esquisse Review 10　駐車場

交差点、横断歩道、歩道の切り下げ、車線など道路には何があるのか、もう一度確認しておこう

斜め駐車の駐車場

欧米では路肩にメーター式で停める縦列駐車が多い

直角駐車と斜め駐車が混在する駐車場

139

解説 エスキス課題11
ポケットパーク

解答例1：直線的に構成

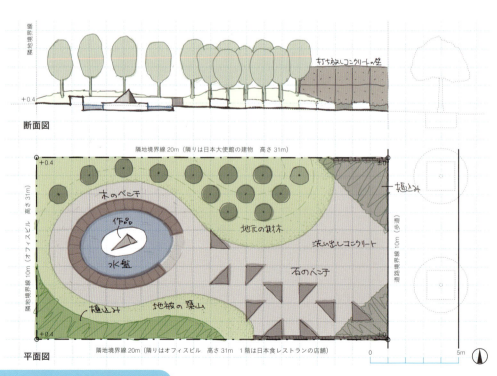

解答例2：曲線をとりいれて構成

文化的テーマを扱う際の一般的注意点

- **維持管理**を最小化したい現代の公共空間では、伝統的で高度な作庭技術の利用は難しい
  - →歴史的庭園のつくりかたとは発想を変え、現代の設計及び施工方法で考える
  - →現代的材料を用いる場合は、形態も**抽象化・単純化**（deforme）する
- **歴史の擬態**はテーマパークのような真実味のない空間をつくりかねない
  - →伝統的**デザインの概念**、つまりその形が生まれた理由と目的を学び、現代に応用する
- **フェイク材料**は、空間を安っぽくするだけでなく、長い目で見ると耐久性も低い
  - →**擬石**や**擬木**の導入は慎重を要する
  - →プリント木目や樹脂系木質材料といった**新建材**の使用にも慎重を要する
- **植物**の輸入はできても、環境がちがうと本来の姿にはならない
  - →植物は施工する場所の**生育環境**にあった土着の植物（native plants）を中心に選ぶ

本課題における考え方

- 日本大使館に隣接するため、**日本らしさ**をアピール
- 在外公館の敷地であるため、ある程度の**高級感**を演出
- 公共の休憩場所であるため、座れる施設を十分に用意
- 公共の休憩場所であるため、バリアフリーにも配慮
- 公共の休憩場所であるため、管理のしやすさと安全にも配慮

解答例で表現した日本庭園的な概念

- **奥行き**：手前からだんだん進んでいき最後に特別な場所へ到達するという経緯を表現
- **渡り**：何かを通り抜けて次の世界へ入るイメージを表現（水景の注意→p.56）
- **枯山水**：ハードスケープで大海と島を抽象的に表現（砂利系舗装材の注意→p.54）
- **市中の山居**：植栽で周辺建物の壁を隠し、都会の喧騒の中で非日常的な空間とする
- **連続性**：橋やベンチや刈り込みなどを少しずつ他へ侵入させることにより、空間を連続させる

バリアフリー延段（米国）

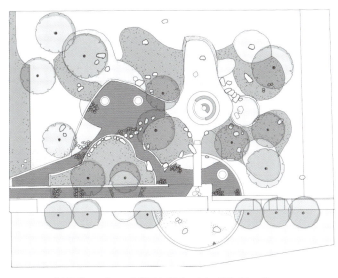

イサム・ノグチ設計のユネスコ本部日本庭園のイメージ（フランス）

解説 エスキス課題12
歩道と街路樹

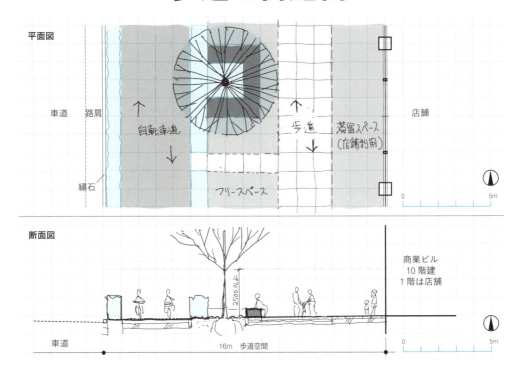

解答例1：通行帯を直線状に並列させた例

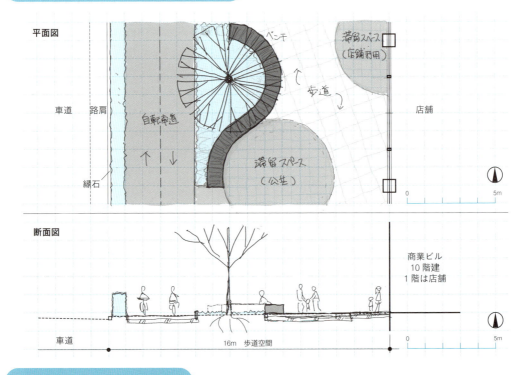

解答例2：曲線で動きをつけた例

歩道と街路樹の考え方

- 幅員2m前後の狭い歩道では十分な**植栽スペース**がとれないので、大高木は植えない
  プラタナス、クスノキ、サクラなどの根が舗装を壊している事例が全世界に多数ある
- 大高木には、最低**直径1m以上**、できれば直径2m以上の植栽スペースを確保する
- 街路樹が車道側には4.5m、歩道側は2.5mの**枝下クリアランス**を設ける
- 植え込みの高さは車両や歩行者が隠れない程度に抑える
- 車道と自転車道、車道と歩道の間は、植栽帯や障害物や段差などで**物理的に分離**する
- **自転車と歩行者の接触事故**も多いので、自転車道と歩道も物理的に分離することが望ましい
- 自転車道と歩行者空間の間の障壁には、相互に行き来のできる**開口部**を適宜設ける
  自転車を降りて休憩する、店舗で買い物をすることもあるためである
- 走行中の**自転車のスピード**はかなり出るため、歩行者に自転車道を横断させることは避ける
  渡るためには横断歩道や信号などが必要となる車道と同様に考えるとよい
  よって滞留スペースと歩道との間や店舗の前ではなく、自転車道は道路側が望ましい
  ただしバスの停留所などがある場合はこの限りでなく、横断の安全確保を要する（参考）
- 街路樹には、暑さや寒さに耐え、病害虫に強く、成長が早過ぎず、大気汚染に耐える樹木を選ぶ
- 落葉樹はハナミズキ、ヤマボウシ、ケヤキ、トウカエデ、モミジバフウ、ユリノキ、トチノキなど
- 常緑樹はシラカシ、ヤマモモ、マテバシイ、ウバメガシ、ネズミモチ、常緑ヤマボウシなど

自転車道と歩道を滞留空間で明確にわける

ヨーロッパによくある歩行者専用道

デザイン性の高い歩道

解説 エスキス課題13
にぎわい広場

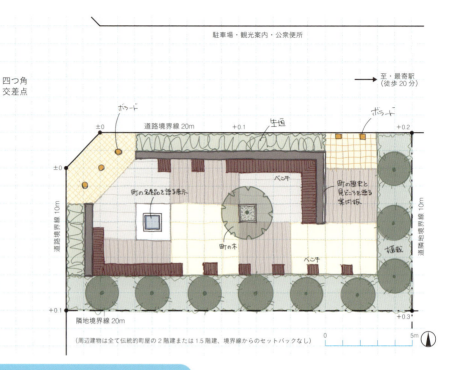

解答例1：説明板とベンチとまちの木・まちの花

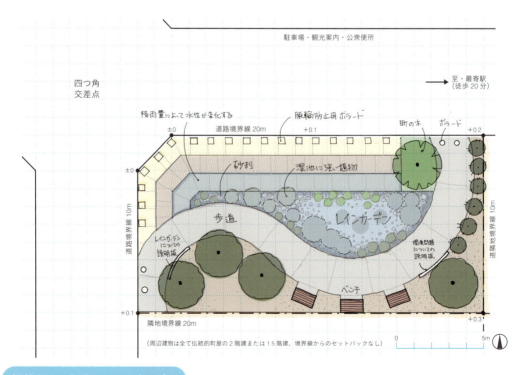

解答例2：歩道とレインガーデン

課題の考えかた

●解答例 1
観光客も多数訪れることに配慮して、案内板を配置し、一人またはグループでも座れるよう多様なベンチを置いた。町の木（ウメ）を植え、舗装を変えることによりスペースを区切った。

●解答例 2
交通量が多い四角であるが歩道が無かったので、歩道代わりに通り抜けや一休みができるようにした。環境に配慮する姿勢を積極的に示すべく、レインガーデンとその説明板も設置した。

様々なアイデア

- **案内板**でまちの概要や歴史を観光客に知らせる施設
- 座って**休憩**できる空間
- まちの木・まちの花を植栽した**まちのシンボル**的空間
- 御神木のような巨大な**シンボルツリー**を一本育てる空間
- **まちの地形**を縮小して展示し、歩き始める前に体感してもらう施設
- **歩道の代わり**に安心して立ち止まれる空間
- 分かりやすい**待ち合わせ場所**
- 特産品のPR**用展示スペース**
- 農家の**朝市**
- **雨宿り**のできる場所
- **ノマドワーク**のできる場所
- 地元の人々、特に子どもたちの**作品の展示スペース**
- 災害時の役にたつ**帰宅支援場所**（備蓄倉庫、バイオトイレ、炊き出し施設など）
- **バスの停留所**や**郵便ポスト**などの設置場所
- まちの**宅配ボックス**
- 電気自動車や携帯電話などの**充電スペース**
- その他、どのようなものがあれば良いと思いますか？
  話し合ってみましょう！

重伝建地区のまちかど広場（兵庫県）

重伝建地区のまちかど広場（兵庫県）

おわりに
建築と造園のあいだ

皆さんの身の回りにいかにランドスケープデザイナーの仕事が多いか、お分かりいただけたでしょうか？ ひと昔前までは「GL±1,000mmの範囲の仕事」「人の足に踏まれてなんぼ」の仕事であると自虐的に紹介していました。しかし今では、緑を中心とした狭義の意味でのランドスケープデザインですら、建築物の壁や屋上や屋内にも入り込み、その活躍の範囲を大きく広げています。

ランドスケープアーキテクトは緑のことだけを考えているわけではなく、緑を用いてより良い生活環境をつくることが仕事です。ひと昔前にはハードスケープだけのアート的なランドスケープデザインが最先端と思われた時期もありました。しかし現在は、気候変動への対策も含め、緑を積極的に用いることが、建築でもランドスケープデザインでも主流となっています。

近年、熱波による森林火災、豪雨による洪水、台風、干ばつなど、異常気象による被害が深刻化しています。日本でも観測史上最高の猛暑記録を更新し、街路樹がなければ外を歩けないような夏を経験しました。そのような中、二酸化炭素排出削減、地下水や川の流量のコントロール、パッシブデザイン、生態系への配慮など、ランドスケープデザイン的な思考が求められています。

しかし今のところ、ランドスケープデザイナーやランドスケープアーキテクトといわれる職業の仕事における立場や優先順位そして社会の中での注目度は、まだ建築家ほど高くありません。この職能の先進国である米国においてすら、ランドスケープアーキテクトの平均年収はいまだにアーキテクトの8割程度です[34]。そこは正直にお伝えしておきたいと思います。

建設プロジェクトの予算の中で真っ先に削られてきたのも緑でした。自治体で緑被率などを数値で定めても、なんとか誤魔化して植栽を少なく済ませようとする事業者や設計者が後を絶ちません。

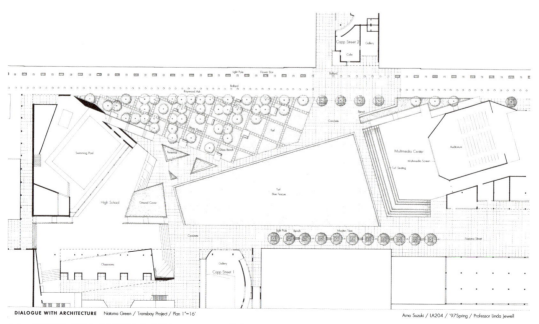

4人の建築学生がそれぞれ設計した建物をランドスケープデザインでつないだ設計演習の平面図

長い目で持続性を考える、社会全体への影響を考えるという姿勢は、目先の利益や「コスパ」に負けてしまいがちです。街路樹は邪魔、落ち葉は迷惑というユーザーも少なくありません。

かつて米国の環境デザイン大学院で学んでいた時、建築とランドスケープとの合同設計スタジオがありました。確かにデザイン力は建築学生の方が上だったため、建築の学生は「なぜランドスケープの学生と一緒にやらなければならないのですか」と教授に苦情を言いました。すると建築の教授は「彼らは樹木を描くのが上手いから（They draw nice trees）」と言いました。

それを知ったランドスケープ学科の学生たちは怒り、「我々は樹木を描くのが上手い（We draw nice trees）」と皮肉を書いたお揃いのTシャツを着て無言で抗議しました。そのような険悪な雰囲気で始まったスタジオでしたが、ランドスケープ学科の学生がどのような意図をもって植物を選び配置しているのかを知った建築学科の学生は、感嘆し、敬意を表するようになりました。

「所詮は縁の下の力持ちじゃないか」と物足りなく思う方もあるかもしれません。確かにランドスケープアーキテクトには国際的な賞もありませんし、メディアに登場することも少ないでしょう。それは実際に建築を作り上げている実施設計者や現場監督や職人さん達にしても同じことです。多くの方々は、人知れず重要な役割を担い、誇りをもって仕事をしています。

「どんなかたちにしてもらいたいか、材料の声を聞きなさい」といったのは建築家のルイス・カーンですが、材料も構造も技術でいかようにもできるようになった現代、材料の特性を考える機会が失われ、フェイクやハリボテが横行しています。樹木や自然を比喩した建築も流行しているようですが、樹木や自然といったものへの理解がどうも表面的であるような気がしてなりません。

「They draw nice trees」と言った教授は、「建築の添え物としていい感じに樹木を描いてくれる」くらいの意味で言ったのだと思いますし、大学の建築設計演習で描かれる庭はほとんどそんな感じです。しかしランドスケープデザインを学んだ今、ユーザーにも環境にも植物にも優しい、本当の意味で"nice"なデザインができる方が増えてくれたら嬉しいです。

2024年12月　筆者

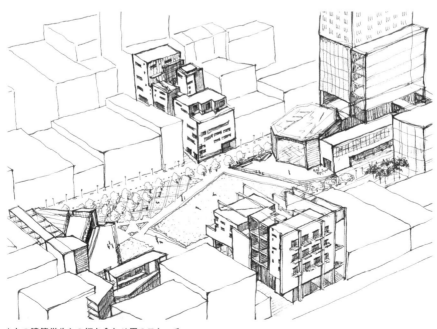

4人の建築学生との打ち合わせ用のスケッチ

Column

建築と緑の呼応

　現代における「良い建築」とは何か。
The ArchDaily Guide to Good Architecture（2022）によれば、それはresilient（復元力があり）、inclusive（みんなのためのもので）、durable（長く使えて）、holistic（全体に配慮し）、considerate（思慮深く）、resourceful（機知に富み）、innovative（革新的で）、そしてAesthetic（美しい）建築です。近年のプリツカー賞選考を見ても、社会貢献や環境配慮が重視されていることは明らかです。一方、初心者の建築学生は、毎日を暮らす住宅の設計においてすら、斬新なカタチや「あっと言わせる」演出の追求に終始しがちで、全体への配慮が行き届きません。そして、rainy day（雨の日＝うまくいかない場合）のことを全く考えていない様子なのです。

　ランドスケープデザインでは、思い通りに育ってくれない植物との日々の格闘はもとより、利害関係や立場や考えの異なる多くの人々との調整を、建築以上に図っていかなければなりません。そのような中、革新的なデザインとプロデュース力で地域の人々をまとめ、植物の維持管理まで含め良好な地域環境を持続させている稀有な事例を見つけました。建築作品ではありませんが、前述の「良い建築」の条件を全て満たしていると思います。

　このプロジェクトをはじめ多くの学ぶべき事例が、『図解　パブリックスペースのつくり方』（2021年、学芸出版社）に詳しく紹介されています。本書で語り切れなかった大規模な「ランドスケープアーキテクチャー」や「コミュニティデザイン」に興味のある方は、読まれるとよいでしょう。

建築家による商店街のランドスケープデザイン。緑とレースのようなワイヤーの天蓋により賑わいを取り戻した「福山とおり町Street garden」[35]

森×hako(福山市)

santo(福山市)

緑を連続的に屋内までとりいれた建築の事例[35]

おすすめ図書リスト

本書では十分に述べきれなかった様々なことがらについて、各分野の専門家が詳しく説明してくださっている書籍をご紹介します。皆さんそれぞれの興味に応じて、是非手にとってみてください。

■ニューヨークのパブリックスペース・ムーブメント
公共空間からの都市改革
中島直人 編著（2024）学芸出版社

本書でも紹介した数々の素晴らしい公園整備がどうやって可能になったのか、この一冊で全てが分かる

■オールシーズン美しい庭
ピートとヘンクの夢の宿根草図鑑
ピート・アウドルフ　ヘンク・ヘリッツェン 著
田辺沙知 訳（2023）学芸出版社

本書でもおすすめしてきた自生種の草花による自然なランドスケープデザインのお手本の書

■エクステリアプランナーハンドブック
エクステリアプランナー ハンドブック編集委員会 編集
公益社団法人日本エクステリア建設業協会 監修（2023）
建築資料研究社

エクステリアプランナー資格試験対策と同時に、外構・造園の仕事がよく分かる一冊

■みどりの空間学　36のデザイン手法
古谷俊一 著（2022）学芸出版社

緑ゆたかなデザイン事例を豊富な写真とイラストで解説する、眺めるだけでも楽しくなる本

■ランドスケープアーキテクトになる本
（一社）ランドスケープアーキテクト連盟（JLAU）著（2022）
マルモ出版

登録ランドスケープアーキテクト資格試験対策と同時に、この仕事の全容が概観できる本

■図解　パブリックスペースのつくり方
設計プロセス・ディテール・使いこなし
忽那裕樹・平賀達也・熊谷玄・長濱伸貴・篠沢健太 編著（2021）
学芸出版社

計画のプロセスから設計ディティールまで惜しげもなく紹介する、プロフェッショナルのための参考書

■アーバンストリート・デザインガイド
歩行者中心の街路設計マニュアル
全米都市交通担当者協会 著・松浦健治郎＋千葉大学都市計画
松浦研究室 訳（2021）学芸出版社

工学的になりがちな街路の設計手法を、人と自然にも配慮しつつ伝授する画期的な教科書

■緑化・植栽マニュアル（改訂）
計画・設計から施工・管理まで
中島宏 著（2020）経済調査会

植栽に関してこれ以上詳しい本はない、科学的指南書

■樹木別に配植プランがわかる植栽大図鑑（改訂版）
山﨑誠子 著（2019）エクスナレッジ

様々な植物を写真で紹介するのみならず、おすすめの取り合わせまで図解してくれる初心者の救世主

■桂離宮・修学院離宮・仙洞御所　庭守の技と心
川瀬昇作 著・仲隆裕 監修（2014）学芸出版社

日本最高峰の庭園を40年間守り続けてきた庭師による、維持管理まで含めた日本庭園の解説書

■日本の10大庭園　何を見ればいいのか
重森千青（2013）祥伝社新書

重森三玲・完途の直系後継者である作庭家が庭園デザインの意味をわかりやすく解説する

■ランドスケープ計画・設計論
丸田頼一・島田正文 編著（2012）技法堂出版

ランドスケープアーキテクチャ設計実務の全てが詳しく網羅されている唯一無二の参考書

■桜のいのち庭のこころ
佐野藤右衛門・塩野米松（2012）筑摩書房

自然環境と接する心得が分かる、ベテラン庭師の楽しいお話

■プロが教える住宅の植栽
藤山宏 著・日本建築協会 企画（2010）学芸出版社

住宅植栽のデザインから適切な植物選びまで、これ一冊で詳しく分かる

■テキスト ランドスケープデザインの歴史
武田史朗・山崎亮・長濱伸貴 編著（2010）学芸出版社

近代ランドスケープデザインの歴史を通説する教科書

■住宅エクステリアの100ポイント
藤山宏 著（2007）学芸出版社

住宅外構の全てが詳しく解説されている、プロにもオーナーにも役立つ一冊

■はじめてのランドスケープデザイン
八木健一 著（2002）学芸出版社

実務を行う方にもすぐに役立つ入門書

■図説　日本庭園のみかた
宮元健次 著（1998）学芸出版社

日本全国の名園を体系的に分類し、わかりやすいイラストで紹介している庭園ガイドブック

索　引

■英数

BLA課程···112
CPTED··80
DIY··12
LED··52
LGBT··80
MLA課程···112
RLA補···116

■あ

アースワーク·······································8
あずまや··60
アプローチ···20
アラベスク···88
歩けるまち·······································108
暗渠··64
安全領域··56
安息角··64
案内板·······································56, 108

イギリス自然風景式庭園···················89
石組··92
意地悪ベンチ···································108
イスラム式庭園·································89
一級建築士·······································116
一年草··40
色鉛筆··24
インクルーシブ公園·························56
インスタ映え····································104
インターロッキング·························48

植え込み···100
ウグイス張り·····································80
雨水タンク···84

円月橋··88
園芸家··40
円形劇場···108

縁石··100
沿道の風景······································100

凹凸のある舗装································100
屋外健康器具····································60
屋外席···100
オストメイト····································60
踊り場··68
恩賜公園··96

■か

ガーデン··20
開渠··64
街区公園··56
外形線··24
街路樹···100
学名··40
仮設トイレ···84
株立··28
枯山水··88
環境学···116
環境芸術··8
環境正義··96
環境デザイン······································8
看板··108
観葉植物··36

キオスク··60
規格··32
奇岩··88
技術士···116
基準線··28
基礎··52
既存樹木··16
球技··60
九曲橋··88
業務独占資格····································112
曲水の宴··76
切土··64
緊急車両··84

クライアント······································12
グラス類··44
クルドサック····································100
群植··32

蹴上··68
景観地区···104
形態学··40
ゲーテッド・コミュニティ···············80
結界··92
原種··40
建築家······································112, 116
建築基準法···52
現場打ちコンクリート···············28, 48

鯉石··92
公共地··16
光合成··44
公衆トイレ···60
合成樹脂··52
構造物··28
合理的配慮···68
国立公園··96
古典··72
ゴミ箱··60
ゴムチップ···48
木漏れ日··76

■さ

栽培品種··40
在来植物··96
砂防··84
砂紋··92
三種の神器···56
残存物··16

資格試験···112
軸··88
市場価格··40
自走式車椅子·····································68

持続性	96	**■た**		二年草	40
支柱	36	耐陰性植物	44	二方向避難	20
実施設計	28	耐火樹	84	日本庭園	89
実務経験	112	待機スペース	68	庭師	116
指定管理者	12	対称形	88	庭職	116
集客	108	立ち上がり	68		
樹冠	28	多年草	32		
樹種	28	誰でもトイレ	80	根囲い保護材	36
縮景	104	単幹	28		
主と従	20	断面	24		
書院庭園	88	団粒構造	44	農学	116
浄土式庭園	88			延べ段	72
人感センサー	52			法面緑化	84
人工地盤	36	小さな舗装材	28	暖簾	72
寝殿式庭園	88	地下支柱	36		
浸透式排水	64	池泉回遊式庭園	72		
シンボルツリー	32	地被類	32	**■は**	
		中国式庭園	89	パーゴラ	60
		直射日光	76	パース	24
水景施設	56			ハーディネスゾーン	44
スクラップ＆ビルド	112			ハードスケープ	92
スケートボード	60	通路	68	培土 (培養土)	36
ストレッチャー	84	ツル性植物	36	白砂	92
ストローク	24			パッシブデザイン	76
砂ぎめ	48			ハハア	72
砂場	56	庭園灯	52	パブリック	20
スポンサー	12	テーマパーク	104	バリアフリー法	68
		手すり	68	半日陰	44
		デッキ	52		
生態系	96	テラス	52	ビオトープ	76
聖地巡礼	104	伝統的建造物群存地区	104	日影図	16
西洋芝	32			微気象	44
関守石 (止め石)	72	等高線	64	引き出し線	24
設計ガイドライン	80	透水性舗装	48, 64	引戸	72
設計施工	8	動線	20	ピクニックテーブル	60
セントラルパーク	96	登録ランドスケープアーキテクト	116	ビスタ (眺望)	72
前面道路	16	土質	16	備蓄倉庫	84
専門業者	12	土壌	32	ヒューマンスケール	108
		飛び石	72	標識	108
		止まり木	76	平庭	92
造園植物	40				
騒音源	76	**■な**		フェンス	100
		二級建築士	116	フォーカルポイント (焦点)	72

複合商業施設……………………108
複合遊具……………………56
不動産価値……………………104
舟形石……………………92
踏面……………………68
プライベート……………………20
フリーハンド……………………24
プレキャストコンクリート（PC）………48
プレゼンテーション……………………28
分節……………………108
文脈（コンテクスト）……………………12

方丈庭園……………………92
放置された空間……………………8
防犯砂利……………………80
防風林……………………84
蓬莱山……………………92
歩車分離……………………20
歩道の切り下げ……………………20
盆栽……………………92

■ま
マーカー……………………24
埋蔵文化財……………………16
間口……………………16
真砂土……………………48
マスキング効果……………………76

見えがかり線……………………24
水勾配……………………64
ミティゲーション……………………96

無垢材……………………52

目地……………………48
面取り……………………8

木質材料……………………52
モチーフ……………………104
盛土……………………64

モルタル……………………48

■や
ヤード……………………20

有効幅……………………80
ユーザー……………………12
雪見障子……………………72
ユニバーサルデザイン……………………12

養生……………………48
容積率……………………16
用途地域……………………16
洋風公園……………………96
擁壁……………………64
ヨーロッパ整形式庭園……………………89

■ら
来客（ビジター、ゲスト、カスタマー）…12
ラベリング……………………24

立体的な区切り……………………100
利用者満足度調査……………………56
緑化ブロック……………………48
隣地境界……………………52

レプリカ……………………104

露地……………………72

■わ
和名……………………40

出　典

1) ©Soren Harward (CC-BY-SA-2.0)
https://en.m.wikipedia.org/wiki/File:Spiral-jetty-from-rozel-point.png

2) 【施設情報】江戸東京たてもの園
〒184-0005
東京都小金井市桜町3-7-1（都立小金井公園内）
TEL：042-388-3300（代表）
開園時間：4月〜9月　9：30〜17：30／10月〜3月
　　　　　　9：30〜16：30（入園は閉園30分前まで）
休園日：月曜日（祝休日の場合は翌平日）、年末年始
ウェブサイト：https://www.tatemonoen.jp/

3) 提供：南海電気鉄道株式会社

4) 厚生労働省「令和5年（2023）人口動態統計月報年計（概数）の概況」
https://www.mhlw.go.jp/toukei/saikin/hw/jinkou/geppo/nengai23/index.html

5) 提供：Adriano Mura; courtesy Fondazione Querini Stampalia,Venice

6) 東三条殿模型を元に作成

7) ©N/A (CC-BY-SA-3.0)
https://commons.wikimedia.org/wiki/File:DaitokujiRyugeninHojyoSekitei.jpg

8) ©Parihav (CC-BY-SA-3.0)
https://en.wikipedia.org/wiki/Gated_community#/media/File:Saskatoon_gated_community.JPG

9) ©N/A (CC BY 4.0)
https://resource.rockarch.org/radburn-garden-homes-brochure_display/

10) 国土交通省「公園とみどり　防災公園の整備」
https://www.mlit.go.jp/toshi/park/toshi_parkgreen_tk_000134.html

11) ©PEO ACWA (CC BY 2.0)
https://commons.wikimedia.org/wiki/File:Blue_Grass_Chemical_Agent-Destruction_Pilot_Plant_Medical_Facility_(51588957853).jpg

12) ©Andrew Shiva (CC-BY-SA-4.0)
https://en.wikipedia.org/wiki/Formal_garden#/media/File:RUS-2016-Aerial-SPB-Peterhof_Palace.jpg

13) ©Hamburg103a (CC-BY-SA-4.0)
https://en.wikipedia.org/wiki/English_landscape_garden#/media/File:Stourhead_Bridge_A.jpg
©Iain Gilmour (CC BY 2.0)
https://en.m.wikipedia.org/wiki/File:Studley_Royal,_Ripon.jpg

14) © 平等院

15) 提供：北方文化博物館

16) 鈴木あるの『あこれがの住まいとカタチ』建築資料研究社、2022年、pp.134〜158（第6章　外国人にとっての「和」の住まい）

17) パブリック・ドメイン（アメリカ議会図書館ウェブサイトより）

18) パブリック・ドメイン

19) パブリック・ドメイン（アメリカ議会図書館ウェブサイトより）

20) 東京市役所編『史蹟名勝小石川後樂園』(1938.5)東京市

21) 東京都立中央図書館所蔵資料　東京市役所編『公園関係資料1』(1932)東京市

22) 写真）パブリック・ドメイン　書影）Rachel Carson, *Silent Spring*, Houghton Mifflin,1962

23) ©Dokudami (CC-BY-SA-4.0)
https://commons.wikimedia.org/wiki/File:Titibugahama_20200404_03.jpg

24) ©Sakaori (CC BY 3.0)
https://en.wikipedia.org/wiki/File:Toyosato_Elementary_School_old_building._May,_2015.A.JPG

25) ©Fred Hsu (CC-BY-SA-3.0)
https://en.m.wikipedia.org/wiki/File:Tobu_World_Square_St_Peters_Basilica_1.jpg

26) ©High Contrast (CC-BY-SA-2.0-DE)
https://commons.wikimedia.org/wiki/File:New_York,_New_York_hotel_%26_casino_in_Las_Vegas.jpg

27) 設計・写真提供：株式会社UID

28) ©663highland (CC-BY-SA-3.0)
https://commons.wikimedia.org/wiki/File:Meimeian08n4592.jpg

29) ©Matteo Morando (CC-BY-SA-4.0)

https://en.wikipedia.org/wiki/Jewel_Changi_
Airport#/media/File:JewelSingaporeVortex1.jpg

30) パブリック・ドメイン

https://en.wikipedia.org/wiki/Eden_Project#/
media/File:Eden_project.JPG

31) 提供：南海電気鉄道株式会社

32) パブリック・ドメイン

https://commons.wikimedia.org/wiki/Category:
Hyogo_Prefectural_Awaji_Landscape_Planning_
%26_Horticulture_Academy?uselang=ja#/
media/File:Hyogo-Pref-ALPHA-2020010302.jpg

33) © 掬茶 (CC-BY-SA 3.0)

https://commons.wikimedia.org/wiki/File:Meguro_
Sky_Garden_20130506_009.jpg

34) U.S. Bureau of Labor Statistics, "Occupational
Employment and Wages, May 2023 | 17-1012
Landscape Architects," 2023-05, https://www.
bls.gov/oes/2023/may/oes171012.htm
U.S. Bureau of Labor Statistics, "Occupational
Employment and Wages, May 2023 | 17-1011
Architects, Except Landscape and Naval," 2023-
05, https://www.bls.gov/oes/2023/may/
oes171011.htm

35) 設計・写真提供：株式会社 UID

■著者

鈴木あるの（すずき あるの）

京都橘大学工学部建築デザイン学科教授。一級建築士、一級造園施工管理士、米国カリフォルニア州公認ランドスケープアーキテクト。1992年京都大学農学部林産工学科卒、在学中イタリアにて建築インターンシップ。1997年 カリフォルニア大学バークレー校環境デザイン大学院造園・環境計画専門職課程修了（MLA）。2013年 京都工芸繊維大学大学院博士後期課程修了、博士（学術）。国内外の建築設計事務所、国内の建設コンサルタント、米国の造園設計事務所、施工現場を経験後、カリフォルニア大学デービス校環境デザイン学科講師、大阪産業大学都市環境学科非常勤講師、武庫川女子大学生活環境学科非常勤講師、兵庫県立大学緑環境景観マネジメント研究科非常勤講師、京都大学理学研究科専任講師などを経て現職。共著書に、『世界都市史事典』（昭和堂、2019）、『民家への旅』（彰国社、2020）、『和室礼讃』（晶文社、2022）、『あこがれの住まいとカタチ』（建築資料研究社、2022）など。

建築と造園をつなぐ
ランドスケープデザイン入門

2025年1月15日　第1版第1刷発行

著　　　者……鈴木あるの

発　行　者……井口夏実

発　行　所……株式会社 学芸出版社
　　　　　　　京都市下京区木津屋橋通西洞院東入
　　　　　　　電話 075-343-0811　〒600-8216
　　　　　　　http://www.gakugei-pub.jp/
　　　　　　　info@gakugei-pub.jp

編 集 担 当……山口智子・安井葉日花・真下享子

装丁／デザイン……テンテツキ　金子英夫
印刷／製本……シナノパブリッシングプレス

© 鈴木あるの　2025　　　　　　　　Printed in Japan
ISBN 978-4-7615-2910-9

JCOPY 〈(社)出版者著作権管理機構委託出版物〉
　本書の無断複写（電子化を含む）は著作権法上での例外を除き禁じられています。複写される場合は、そのつど事前に、(社)出版者著作権管理機構（電話 03-5244-5088、FAX 03-5244-5089、e-mail: info@jcopy.or.jp）の許諾を得てください。
　また本書を代行業者等の第三者に依頼してスキャンやデジタル化することは、たとえ個人や家庭内での利用でも著作権法違反です。